究極の日本酒

マリアージュで楽しむ純米無濾過生原酒16本

杉田衛保

花伝社

究極の日本酒——マリアージュで楽しむ純米無濾過生原酒16本◆目次

第六章　日本酒とともに歩んだ人生……127

第七章　日本酒の未来……147

おわりに……161

はじめに

私は高田馬場の日本酒居酒屋「真菜板(まないた)」の店主をしています。

駅から離れたところにある、カウンターだけ一〇席の店です。置いてある酒はエーデルピルスビールと一六蔵の日本酒のみ。妻の征子(せいこ)が料理をつくり、それに合わせて私が酒をお出ししています。

私は一九八二年に池袋で「味里(みさと)」という当時としては地酒居酒屋の走りだったお店をはじめました。それ以来、三五年近く日本酒の世界に身を置き、日本酒のことを勉強してきました。その中で、ある結論にたどり着きました。

純米無濾過生原酒(じゅんまいむろかなまげんしゅ)、そしてマリアージュです。

純米無濾過生原酒とはごまかしのない本物の日本酒です。酒を造る蔵元、酒造りのリーダーである杜氏、酒造りにかかわる蔵人たちの技術と情熱の結晶です。日本酒の造りを勉強していくうちに、それが日本酒の基本であることがわかってきました。そして、この酒は、熟成や燗に向く酒であることもわかってきました。

また、純米無濾過生原酒は、食べながら飲むことによってその価値が発揮される食中酒であることもわかってきました。食べ物と酒を合わせることをマリアージュと言います。フランス語で「結婚」という意味です。ワインの場合はこのマリアージュをとても大切にしています。ソムリエがいて、ワインを料理に合わせる。でも日本酒は同じ醸造酒にもかかわらず、このマリアージュについてはほとんど考えられてきませんでした。

一九九八年に真菜板を開店するにあたり、私は純米無濾過生原酒という本物の手造りの日本酒だけをあつかおう、純米無濾過生原酒のマリアージュを極めよう、そしてその素晴らしさをここから発信していこうと思いました。一〇年二〇年かかるかもしれないけれども、それが本物であれば、少しずつ認められ、輪が広がり、やがてブレイクするだろう。そう信じて、すべての情熱をかたむけてきました。「ここに落ち着き草萌ゆる」という種田山頭火の句があります。私もこの地に落ち着いて、ここから草を生やしていこうと思いました。

真菜板の料理は本物志向で、素材の個性を生かしたものです。また、和食だけでなく、創作アレンジ料理、洋風の料理もあります。個性的な素材にもそれに合った日本酒がある。フレンチ、イタリアン、中華などどんなタイプの料理にも合う日本酒がある。そのことを知ってもらいたいという思いです。チーズ料理や肉料理など、日本酒とイメージがつながらないかもしれません。はじめて店に来た人は「何で、肉料理、チーズ料理があるの？」となりますが、私としては「それを聞いてほしかった！」と思います。そして「これが日本酒に合うんです」と伝えていきたいんです。

真菜板では、急いで飲む人は少なく、みなさんゆっくり時間をかけて、食事と合わせながら日本酒を楽しんでいます。これまでの日本酒の飲ませ方は、すっきり飲みやすい酒にして、いっぱい飲ませようというものでした。これでは商売的には一時もうかるかもしれないけれども、やっぱり飽きられてしまう、日

本酒離れが起きてしまうと思います。

真菜板のお客さんは全国からいらっしゃいます。味里時代からのお客さんもいるし、本を読んで来る人もいるし、インターネットで調べて来る人もいる、ブログを見て来る人もいます。ほとんど日本酒ははじめてという人もいるし、これまでけっこう日本酒を飲んできたという人もいます。

年齢層も、若い人から年配の方までかなり幅広いです。最近は年配の方も増えてきています。この年になるまでいろいろな日本酒銘柄を追いかけてきたけど、今日はじめてこんなに日本酒が複雑でおもしろくて美味しいことを知った。これまで知らなかったことは残念だ、恥ずかしいと素直におっしゃる方もいます。逆に二〇代、三〇代の若い方が先入観なしで来て、美味しいと衝撃を受ける人もいます。

また三割四割は女性のお客さんです。女性は味覚も感覚もシビアです。酒を味わい、酒を知ることの喜びを知っています。「このお酒は他のお酒と違う。どうして?」と興味を持ちます。そして料理にも興味を持ちます。有名な銘柄だから、有名な店だからでなく、中身で評価をします。だから酒も料理も美味しくないとだめなんです。

また、仕事で海外にいて、日本に帰国されるたびにかならず来る方もいます。外国人の方も時々来ます。

純米無濾過生原酒とマリアージュにこだわってずっとやってきて、ようやくここまでたどり着いたという思いです。純米無濾過生原酒についても少しずつ取り上げられるようになりました。純米無濾過生原酒の中でも切磋琢磨が起こるようになってきています。これからもっと技術が高まって、もっと質の高い、もっと個性のある酒が造られるようになります。大量生産ができない酒なので、現在は生産量が追いついていませんが、これからもっと増えてくると思います。それにともなって、日本酒のマリアージュがさらに多くの人たちに楽しまれるようになると思います。

では、これから、純米無濾過生原酒とマリアージュという本物の素晴らしい日本酒の世界にご案内します。

第一章

酒造りの神髄——純米無濾過生原酒

ここでは、純米無濾過生原酒とはどのような日本酒なのかお話ししたいと思います。日本酒造りは複雑で精緻を極めるものです。まして、本物の日本酒である純米無濾過生原酒の造りは格段に難しいものです。たとえば、ワインの場合は、ブドウの出来によってかなりの部分が決まってしまいますが、日本酒の場合は米や水の質だけでなく、酒造りの技術などさまざまな要素がかかわってきます。

日本酒ができるまで

精米、洗米、浸漬、蒸し

まず最初に日本酒がどのようにできるのか、造りの行程を簡単にご説明したいと思います。

日本酒の材料は米と水です。そこに微生物が複雑にかかわって日本酒が生まれます。

米はまず粒の周辺部を削り取ります。これを米を磨くとも言いますし、「精米」とも言います。タンパク質などを多く含む周辺部を削り、心白というデンプン質が多い中心部を取り出します。酒米の場合は、食べる米と違って、かなり磨きます。

磨きの度合いのことを「精米歩合」と言います。玄米を一〇〇として残っている部分がどれだけかということで表します。たとえば精米歩合が六〇ということは、玄米の四〇%を削り、六〇%が残っているということです。

精米は精米機でやります。共同精米にたのんでいるところもありますが、高い高精度の精米機を購入して自家精米をしているところもあります。機械の中にセラミックロール（砥石のようなもの）が入っています。これをゆっくり回転させます。精米は時間をかけてやります。摩擦熱が出ないようにするためです。一気に削ると、この熱で乾燥し、ひび割れたりもします。時間をかけて削ると水分も適度に空気中から補われます。

精米していくと細長い米は丸くなっていきます。丸い方がのちの行程がやりやすくなります。

精米が終わるとその米を洗います。「洗米」と言います。洗米が悪いとぬかくささが残るので、とにかく洗米は大事です。大量の水を使います。米の上から水を流したり、米を水の中で攪拌したりします。

このあと米を水に浸して水分を含ませます。「浸漬（しんせき）」と言います。

そして、米を甑（こしき）という蒸し器に入れ、蒸気で「蒸し」ます。

洗米時間や蒸し時間、特に浸漬時間はストップウォッチを使って秒単位で調整しています。洗米時間、浸漬時間によって米に含まれる水分量が変わります。それによって米の固さが変わります。

蒸すときにある程度の固さが残っていないといけません。やわらかいと蒸すことによって粒が崩れてしまいます。米粒のままである必要があります。

しかし逆に浸漬の時間が短くて固すぎると蒸すのに時間がかかります。そうすると、周りは蒸しすぎなのに、中心は蒸しが足りないということになり、米の状態が一定ではなくなります。

洗米、浸漬、蒸しの時間はその日の温度、湿度によっても変えます。また、米の水分量や、固さは、その年の気温や日照時間によって変わります。米の種類によっても固いやわらかいがあります。粒の大きい小さいもあります。

米が固い年は長めに水に浸したり、やわらかい年は短くしたりなど調整します。米の出来がその年その年で違っても、そのあたりは長年の経験で熟練の杜氏はわかっているので、技術でカバーできます。

また、どれぐらい水を含ませるかは、吟醸酒か、純米酒か、普通酒かという酒の種類によっても違います。

麹(こうじ)づくり

次は「麹づくり」です。蒸した米(蒸米(むしまい)と言います)の一部を麹室(こうじむろ)という部屋に入れて冷まします。麹室は冬でも三〇度ぐらいあります。その蒸米に麹を振りかけます。麹は粉のようになっていて、麹菌がたくさん含まれています。麹菌はデンプンを糖に変える働きを持つ微生物です。

純米酒の場合は箱麹と呼ばれて、縦横数メートルの木製の床に蒸米を広げて麹を振りかけます。大吟醸酒の場合などは、蓋麹と呼ばれて、縦横数十センチの箱に小分けして広げて麹を振りかけます。

この麹を振りかけた蒸米を「麹米」と言います。

大吟醸造りと純米酒造りで振りかける麹の量は違います。大吟醸造りだと少なく、純米酒造りの場合はある程度多くします。純米酒は米をあまり磨かないので、心白の周辺の部分も残っていて、麹がなかなか米の内部に入り込めないからです。

麹菌は高温で酸欠状態になって苦しくなります。苦し紛れに麹菌は逃げ道として中心部のデンプンの中に入り込みます。そしてデンプンを食べていきます。デンプンが餌ですから。それを「はぜ込み」と言います。麹菌の性質を利用しているわけです。麹菌をいじめるわけです。

蒸米を時々混ぜたり、麹蓋の場合は積み替えたりします。熱や湿度をコントロールするためです。そのまま置いておくと空気に触れている外側は乾燥します。また空気に触れている外側は温度が下がり、触れていない内側は麹の働きで温度が上がります。それを混ぜたり、積み替えたりすることで、一定にします。

酛(もと)づくり

このあとは「酛づくり」です。酛は酒母(しゅぼ)とも呼ばれます。この酛をつくる行程は造りによって違いますが、まず麹米に水を加えます。さらに乳酸菌を空気中から取り込んで育てるか、人工的に加えるかして他の菌の繁殖を抑えます。そして、小さなタンクに移して、酵母菌と水を加えます。酵母菌は糖をアルコールに変える働きがあります。乳酸菌によって酸性になった環境では、他の菌は繁殖できないのですが、酵母菌は育つことができます。乳酸菌によって酵母菌が発酵する環境ができあがるわけです。そして酵母菌が増えるのを待ちます。

加える酵母は冷蔵庫で保管されています。多くの場合は協会酵母と呼ばれる酵母を購入します。蔵によってはそれらを掛け合わせたり、独自に培養したりしています。

酛の中では、麹菌による糖化発酵（デンプン→糖）と、酵母によるアルコール発酵（糖→アルコール）が同時におこなわれるわけです。これを「並行複発酵」と言います。

日本酒造りの特徴はこの発酵の複雑さです。ワインの場合、ぶどう果汁には糖分が含まれているので、それを酵母でアルコール発酵するだけです。ウィスキーやビールは麦汁のデンプンを糖化発酵で糖に変え、さらにその糖をアルコール発酵でアルコールに変えますが、それはそれぞれ別個におこなわれ、並行しておこなわれることはありません。

酛の段階で強い酵母を育成しておくことが重要です。そのためには温度管理が大切です。タンクには温度センサーや、アルコール度数の目安となる日本酒度計がついています。またタンクの周りには、温度を変えるためのヒーターや冷水を流すマットが巻き付けてあります。

酵母は低温だと働きが弱くなります。逆に言えば、低温でも生き残った酵母は強いわけです。ぎりぎりの環境でも生き残ったわけですから。なのでわざと低い温度で維持して、強い酵母を育成します。純米酒の場合は一〇度から一五度に行かないぐらいの温度で、吟醸酒造りの場合は五度から一〇度ぐらいの温度で上げたり下げたりを繰り返します。この作業を「打瀬（うたせ）」と言います。

造りや水質にもよりますが、酛ができるまで一五日から、長いものだと三五日以上かかります。

醪（もろみ）づくり

そして「醪づくり」です。酛ができたら増やします。酛を大きなタンクに移し替えます。このタンクは六〇〇〇キロや一トン入るもので、人が入れるぐらいの大きさです。その酛に、水、麹、蒸米（「掛米（かけまい）」と言います）を加えます。これを「醪」と言います。醪の中では麹菌による糖化発酵、酵母菌によるアルコール発酵が同時進行でさらに進みます。水、麹、蒸米を大量に加えると発酵がうまく進まないので、三回に分けて加えていきます。これを「三段仕込み」と言い、三回のそれぞれを初添（はつぞえ）、中添（なかぞえ）、留添（とめぞえ）と言います。

醪になってからの日数のことを「醪日数」と言います。だいたい二五日から三〇日ですが、最近はもっと日数を引っぱるようになってきています。長いと四〇日というのもあります。

今は温度が調整できるので、この醪日数が引っぱれるようになりました。時間をかけると味がきめ細やかでキレのいい酒になるんです。温度をどうするのか、醪日数をどれだけ引っぱるのかは、杜氏の判断です。経験ある卓越した杜氏だと感覚でわかるのですが、それを若い人たちに伝えていかなければならないので、設備投資をして、センサーで数値を測定することもしています。そのような合理化はどの蔵でもやっています。ただ、最後は杜氏の勘です。生き物が相手ですから、状況は常に微妙に違ってきます。

ちなみに酒造りは冬におこないます。これを「寒造り（かんづくり）」と言います。発酵は低温でするため、気温が低い方がいいからです。また、温かいと雑菌が繁殖して腐ってしまうこともあります。これを腐造（ふぞう）と言います。腐造を防ぐために、温度管理をして、雑菌が繁殖しないようにします。

上槽（じょうそう）と貯蔵

醪が酒になったと判断すると、醪をしぼって、酒と酒粕に分けます。これを「上槽」と言います。

いつしぼるのかの判断はとても難しいです。杜氏はいつしぼるかを、今晩か、それとも明日の朝かと考えて判断します。微妙なタイミングを、経験と勘で見定めているわけです。

醪の中でアルコール発酵が進み、アルコール度数が上がりすぎると酵母菌が弱って死んでしまいます。でもアルコール発酵がまだ途中で、糖が残っているのもだめです。糖がある程度食い尽くされて、まだ酵母が元気で、これ以上アルコール度数が上がってはいけないというぎりぎりのタイミングでしぼります。

しぼるのは、醪を藪田式濾過圧搾機という機械に通すか、醪を布袋に入れたものを木槽という木の器に入れて、少しずつ圧力をかけてしぼり出されてくるのを待つか（木槽しぼりと言います）、布袋をつるしてしたたり落ちてくるのを集めるか（袋しぼりと言います）します。

しぼりたてそのままは、だいたいはガスっぽく、まだ旨味もそんなに感じられません。私たちは、そういう酒を「若い」と言ったりします。なので、しばらくタンクで貯蔵します。「酒を落ち着かせる」と言ったりします。タンクは温度管理しています。蔵の規模や考え方によっては、斗瓶という大きな瓶に入れて貯蔵したり、瓶詰めしてから貯蔵するということもあります。そして自然に熟成して味が乗ってくるのを待ちます。

そしてタイミングを見計らって瓶詰めして出荷します。「秋あがり」や「冷やおろし」と言われる酒はできてから約半年熟成した酒です。

こうしてできあがるのが純米無濾過生原酒です。日本酒はできあがったときには本来は純米無濾過生原酒です。

完全発酵の大切さ

この酒造りで大切なのが「完全発酵」です。強い酵母を育成して、醪日数を引っぱり、酵母に糖を食い切らせる。そうすると、糖分が少なくなり、アルコール度数も上がり、味にキレと強さが出てきます。これを完全発酵と言います。発酵の弱い酒、醪日数の引っぱれなかった酒は、甘ったるくて、しつこくて、重くなります。

かといって、あまり醪日数を引っぱりすぎると、酵母菌は自ら生み出したアルコールで弱ったり、死んでしまったりします。酵母菌の死骸はアミノ酸などの雑味となります。すると酒がしつこくなってしまいます。だからぎりぎりまで引っぱって、まだ酵母が元気で生きているうちにしぼるわけです。しぼるときにはガスも一緒に溶け込みます。またしぼったあとも、瓶の中で酵母が若干残った糖を食べて生きていることもあって、そのときに生じる炭酸ガスも日本酒の中に溶け込みます。なので、瓶のふたを開けるときにポンと音がすることもあります。酵母はそのうち自然に弱って死んでしまいますが、そうなるともう雑味はなくなります。

完全発酵していない酒は、味が乗るのも早すぎてしまって、すぐにしつこくて重い酒になってしまいます。引っぱって完全発酵してキレと強さがある酒は熟成に向きます。熟成もじっくり進みます。

究極の日本酒、純米無濾過生原酒

純米無濾過生原酒（じゅんまいむろかなまげんしゅ）とは何か？

先ほども言いましたように、日本酒はできあがったときには純米無濾過生原酒です。純米無濾過生原酒とは、究極の技術で造った日本酒であり、造りの原点です。旨みがあり、それでいて、完全発酵によるキレと強さがある酒です。多くの人たちにぜひ飲んでもらいたい究極の手造りの日本酒です。これこそ日本酒の完成品だと思います。

しかし、この酒がそのまま出荷されるかというと、残念ながらそうではありません。純米無濾過生原酒は出荷される日本酒の一％にも満たないのです。

たいていはここに人工的な操作が加えられてしまいます。濾過によってさまざまな成分が除去されます。また、添加物が入ります。純米無濾過生原酒とは、このような操作が一切加えられていない日本酒のことを言います。

では、その完成品に対してどのような操作が加えられているのでしょうか。それは、「純米」「無濾過」「生」「原酒」という言葉を見ていくとわかります。

「純米」とは添加しない酒

まず「純米」とは「何も添加していない」ということです。

一番添加物の多い、悪い酒は「三倍増造酒」、略して「三増酒」と呼ばれるものです。その名の通り、三倍に薄めています。原酒が三分の一で、あとの三分の二は水とアルコール、それに水あめや化学調味料です。水増しすると味が薄くなるから、味付けが必要なわけですね。

「普通酒」と呼ばれる酒は約二倍に薄めてあります。一升瓶の原酒があったとしたら、その半分を取って、水とアルコールで半分薄めたのが普通酒です。私は清酒として認めたくないけれど、一般的には清酒として認められています。この「アルコール添加酒」のことを、略して「アル添酒」と言います。

アルコールはしぼる前の醪(もろみ)のタンクに加えられます。アルコール度数が三三度ぐらいの焼酎甲類、ホワイトリカーのようなものを添加します。今はさとうきびから蒸留したエタノールという醸造アルコールがほとんどです。それからアルコール度数が一五度ぐらいになるまで水で薄めます。

このアルコールと水を添加するということは、戦時中からおこなわれるようになりました。当時は戦争で米が足りなくなって米を節約するという意味もありました。また、量を飲ませて酒税で税収をあげ、それで鉄砲の弾を買うもくろみもありました。とにかく戦時中は金がない。なんとかしてみんなから金も集めたい。そのためにも酒を買わせようと、酒税法で決めたんですね。

しかし、いまだにその悪しき習慣がつづいています。原価を安くあげられる。造りの手間暇がかからない。簡単にできて簡単にもうかります。

三増酒は、まだ日本酒全体の約一〇%あります。アルコールだけを添加した普通酒は約五〇%ほどあります。本醸造酒が約二〇％です。純米酒は約二〇％です。三増酒をのぞいたら、普通酒が日本酒のカテゴリーの中で一番下です。でもその普通酒が全体の半分近くもあるんですよ。

その他、本醸造酒もアル添酒ですし、吟醸酒、大吟醸酒もアルコールを添加した酒があります。日本酒全体のうち、アル添酒が、まだ約八〇％です。つまり、ほとんどの酒が純米酒と言えないわけですね。しかしここ数年、アル添酒の割合はどんどん下がり、純米酒の割合はどんどん上がっています。

純米酒は、何も添加していない、米だけの酒だから「純米」ということです。

「無濾過」とはフィルター濾過・活性炭濾過をしない

「無濾過」とは、濾過をしていないことです。日本酒のうち、実に九九％近くはできあがったあとに濾過されているんです。

濾過には二つあります。「フィルター濾過」と「活性炭濾過」です。

まず、フィルター濾過は、細かいフィルターでゴミやホコリを取るものです。しかし、それだけでなく、酵母も取ってしまいます。

もうひとつの活性炭濾過は、炭濾過とも言います。上槽（じょうそう）する前のタンクに、活性炭の粉をさーっと入れます。この炭濾過は、アルコール添加に輪をかけて良くないと思います。

炭濾過をする利点は、雑味が取れることです。発酵が弱かったり、造りが悪かったりすると、甘さと雑味が残るわけですね。特に精米が不十分な酒なんかは雑味が残る。それを取るために、活性炭濾過をする。

ところが、そうすると旨みも取れてしまいます。

また、色もつやも取れてしまいます。普通の酒は白いところに置くとわかりますが、薄い黄色、茅葺き色がついています。炭濾過した酒は無色透明です。色もつやもない。

さらに悪い場合は炭の臭いがつくこともあります。

純米酒を造るのであれば、なおさら旨みを追求しなくちゃいけないのに、活性炭濾過して、旨みを取ってしまう。色、つや、雑味、旨み、味、すべて取り除いて、飲みやすくすることしか考えない。これが日本酒の個性をなくしていると、私は本当に思います。

「水みたい」と言われる酒があります。本来、水みたいというのはいいイメージではないのに、当時マスコミや雑誌が、淡麗辛口は素晴らしい、冷やで飲める日本酒と、取り上げたんです。

無濾過とはフィルター濾過も活性炭濾過もしていないということです。逆に無濾過と書いてなければ、ほぼ炭濾過しているわけですね。

純米無濾過生原酒とは、約一％ほどの酒です。私がこの一五年でむりやり広めて、だいぶ広まってきました。約一％の方を広めるわけですから抵抗もありました。それでも最近は、一％以上に増えてきている気がしています。これからはもっと増えると信じています。

「生」とは火入れをしない

「生」というのは、基本的に火入れをしていないということです。

火入れとは、できた酒を加熱して酵母を死滅させることです。まずしぼった後に六〇度で三〇分加熱します。そして出荷の際、瓶詰めの前に火入れをします。大手の酒造会社はこのように二度火入れをすることが普通です。

できたときには火入れをして、瓶詰めの前には火入れをせずそのまま詰めるものは「生詰（なまづめ）」と呼びます。できたときには火入れをしないで生貯蔵をしておいて、瓶詰めの前に火入れをするのを「生貯蔵」と呼んでいます。まったく火入れをしないのは「本生」です。

なぜ火入れをするのかというと、そうすると、長期間置いておいても日本酒が傷まないからです。でも火入れをすると、個性的な味が削がれてしまうんです。それが日本酒の個性をなくしてしまう。

生酒は若いときにはフレッシュで個性的な魅力があります。

また熟成の変化も楽しめます。生酒は熟成するにしたがい、さまざまな魅力が出てきます。しかし、火入れの酒は熟成しても少しずつしか変化しません。

完全発酵させたキレと強さのある酒は、生でもちょっとやそっとではへこたれたりしません。むしろ熟成によるプラスの部分が強く出てくるんです。

火入れはたしかに飲みやすくはなります。生熟成が止まって酒がおとなしくなりますから。また、蔵としても管理が楽で無難です。ただ、酒が平均的になって合う料理がかぎられてしまいます。日本酒の魅力が大きく損なわれるんです。

「原酒」とは加水をしない

「原酒」とは、加水をしていないということです。

日本酒はできたときにはアルコール度数が一七度から二〇度近くになります。酒は、造りのいい酒ほど、酸も強く、しっかりしています。しかし、純米酒であっても、多くはしぼる前のタンクに水を加え、アルコール度数を一五度ぐらいにして出荷しています。

これは飲みやすくして量を飲んでもらおうとすることと、原価を安く抑えるためにやっていることです。一割以上加水したら、酸が弱くなり、旨みが削がれて魅力が少なくなります。アルコール度数を一度下げるくらいならまだ救われる。水を全体の五％加えるとアルコール度数は単純計算で〇・九度下がりますから、全体の五％まで。それ以上、水を加えると、味が薄くなって個性が取れてしまいます。

ただ原酒はアルコール度数が高いので、一緒に水を飲むことが大事です。この水は「和らぎ水（やわらぎみず）」と言います。酒の量の同量か倍、飲むといいでしょう。

本物の日本酒を造る

ごまかしのない酒

炭濾過、アル添、加水した酒は、不自然な酒です。添加物を入れたり、濾過したりすれば味のバランスが崩れます。アル添、加水は味を薄めてしまいますし、炭濾過は味を引いてしまいますから。

また、炭濾過、アル添、加水は完全発酵と不完全発酵の裏表になっています。アルコールを加えると、辛く、強い味になります。しかもそれを水で薄め、炭濾過をして旨みも取ってしまうわけです。そうすると、辛くて味が薄いだけの不味い酒になってしまう。そこで、発酵を途中で止めて糖や雑味をわざと残すわけです。

完全発酵していない酒でも、炭濾過、アル添、加水すればごまかせます。でも、よく味わえば、完全発酵していない酒は、甘み、旨み、香り、全部なじんでないんです。

ごまかしのない酒は、個性がいっぱいあるわけです。添加や濾過は一種のテクニックというか、カモフラージュかもしれませんが、そういう酒はいい個性をなくしているわけです。誤解を生むような酒を造るな、ごまかした酒を造るなと言いたい。こういった酒は中身を語れない酒です。聞かれても正直に語れない。語るとマイナスなことばっかりになっちゃいます。

なぜ純米無濾過生原酒は造られないのか？

それでは、なぜ純米無濾過生原酒は造られないのでしょうか？

それは、技術的な難しさがあるからです。

時間もかかる、技術も要する、手間暇もかかって、原価もかかって、管理も難しい。でも、高く売れない。杜氏泣かせ、蔵元泣かせ、販売店泣かせです。

完全発酵させるには温度調整の技術や、しぼるタイミングを見極める勘と経験が必要です。醪日数を引っぱるので時間もかかります。酒造りの工程でどこかひとつでも問題があれば、それが味に出てきてしまいます。米の良し悪しも味に出てしまうので、高くて質のいい米を買わなければいけなくなる。熟成による味の変化もありますから、その管理も重要になる。とにかくたいへんです。また手間暇かけて丁寧に造るので大量生産もできない。

ただし、純米無濾過生原酒を造るようになった蔵は、確実に技術が向上します。逆に言えば、純米無濾過生原酒に挑戦している蔵は、技術の向上に真剣に取り組んでいる蔵だと言えるでしょう。

究極の本物の酒を造りつづける蔵は、すごく進歩が早いなと思います。ごまかしの酒造りは進歩が必要ない。けれども、本物の酒造りをつづけていると、はじめは失敗もするかもしれないけれども、理想の酒を目指して進歩してくるのです

最高の日本酒を広めるために、本物の酒造りを

日本酒はもっと若い人に知ってもらわなければいけないと思っています。これまでの日本酒のイメージが悪すぎて、日本酒離れがだんだん進んでいきました。日本酒の売り上げは、ワインにも、焼酎にも抜かれて、四位までになったこともあります。

さらにさびしい話になりますが、私が日本酒の世界に入った一九八〇年ごろには、全国に蔵が二六〇〇ぐらいありました。各県に何十もの蔵があったんです。それが今は約一三五〇蔵。約半分です。生産量も消費量もちょうど半分ほどになりました。

蔵元はみんな嘆くわけです。売れなくなった、どうしてだろう、と。

どうしてかって自分で考えるべきでしょう、こんな酒を造っているからでしょう、と言いたくなることも多いです。蔵元は私のところに日本酒を送り届けたり、持参してきたりするので、その折に、生意気と思われたかもしれませんが、これじゃ東京で売れません、やっぱりかぎりなく究極を目指して造らないと、と言い続けてきました。その蔵の柱になる自信のある造りの酒がやはり必要なんです。

ただ純米酒への流れが来はじめて、酒造りの原点は純米無濾過生原酒だと意識しはじめた蔵は増えてきました。

一九九〇年代は、純米無濾過生原酒を造っている蔵は、私の知るところでは二〇蔵ぐらいしかありませんでした。ところが今は一三五〇蔵中、一〇〇蔵近くまで増えてきています。またそれぞれの蔵でも今は造っている量は少ないけれど、一タンク増やそう、二タンク増やそうと増やしてきています。

酒販店も純米無濾過生原酒を蔵に造らせるようになってきています。いい方向に来ていると思います。今、純米無濾過生原酒を造りはじめた蔵は、一〇年後には酒に信頼と安心が生まれて、広く認められるようになるでしょう。本物の酒造りにいまだに気づかない、その姿勢もない蔵は、今後どうなるかなと感じます。

ただ残念ながら、純米無濾過生原酒でも、まだまだ未完成な酒が多いと思います。しつこくて飲みにくい。あるいは、純米無濾過生原酒なのに味がさびしい、旨みがない。

もし、純米無濾過生原酒がはやっているらしいからと、安易な考えで造ろうとしたら、米の悪さ、技術の悪さが前面に出てきてしまいます。純米無濾過生原酒は米と技術がともなわないと、逆効果な酒になるんです。

第二章

日本酒の不思議

ここでは、純米無濾過生原酒に個性をあたえてくれる、さまざまな要素について、さらにくわしくお話しします。

精米歩合

心白（しんぱく）と精米

精米は、タンパク質などを多く含む周辺部を削ります。良質の酒造好適米ほど、心白という中心部にデンプン質を多く含みます。この心白を取り出すためにおこないます。

どれぐらい精米するかは蔵の方針によって違います。きれいな酒を造りたいならば、デンプン質だけを残した方がいいので、磨きます。純米吟醸、純米大吟醸はこういった酒です。

一方、まわりのタンパク質部分を生かした旨みを大事にするならば、あまり削らない方がいいです。純米酒はこういった酒です。

精米歩合による分類

吟醸酒、大吟醸酒は、精米歩合と造り方によって決まります。

精米歩合六〇以下、つまり、四〇％以上削って、残りが六〇％以下になったら吟醸と名付けてよく、精米歩合五〇以下、つまり、五〇％以上削って、残りが五〇％以下になったら大吟醸と名付けてよくなります。

また吟醸酒、大吟醸酒は吟醸造りという造り方をします。打瀬の作業のときに、純米酒造りよりも低温にしてやります。すると弱い酵母が淘汰されて強い酵母が育成されます。醪づくりにおいても低温にして発酵日数を引っぱります。そうすると酵母が苦しさから香りを発します。これが吟醸香（芳香性エステル臭）と呼ばれるものです。

吟醸酒、大吟醸酒にするかどうかは、蔵が香りを大事にするのか、旨みを大事にするかによって決まります。純米酒でも、旨みよりきれいさと香りを大事にするのが純米吟醸、純米大吟醸です。一般的な評価は、純米吟醸、純米大吟醸と高くなっていきます。

でも、旨みを売りにするんだったら、磨かない方が旨みが出ますよね。純米酒は旨みを生かした酒です。以前は、純米酒と名乗る時の精米歩合七〇以下（削るのが三〇％以上）と決められていたのですが、それは撤廃になりました。米粒から発酵して造った酒はすべて純米酒ということになりました。七〇％でも、八〇％でも、九〇％でも、極端に言えば玄米から造っても純米酒です。

低精白の魅力

現在は、質の高い米をあえてあまり磨かず、造りで旨みを出そう、個性を出そうという流れも出てきています。あまり磨かないことを「低精白」と言います。「低精白」で旨みのある、個性的な酒を造る、その技術や価値も語れるようになってきました。

「低精白」のもうひとつの魅力は値段がリーズナブルであるところです。質のいい米を使っても、あまり磨かなければ、米の多くの部分を使うことになるので、原価が安くなります。

低精白の酒は、下手をすると雑味にもなりかねない余計な味を、造りによって魅力に変えることがポイントです。

余計な味とは、タンパク質が分解されたアミノ酸、つまり、旨み成分です。これが日本酒ならではの世界で、ワインにはない世界です。

ただし旨み成分は雑味としても感じられ、しつこい酒にもなる。そこを発酵の技術で、キレと強さを出し、旨みとして感じられるように変えるわけです。それを可能にするのが完全発酵です。すると、フルボディの赤ワインのように、豊潤で肉やチーズに合う強さをもった日本酒ができるわけですね。

酒米の種類

酒米にはいくつか種類があります。昔から評判なのは、山田錦、雄町（おまち）、八反錦（はったんにしき）。質が安定していて、杜

氏も造りやすいと言う酒米です。

酒米の良し悪しは味に大きく影響します。

山田錦

酒米の代表と言えるのが山田錦です。

山田錦を栽培しているのは兵庫県がほとんどです。最近では少しずつ他でもつくられるようになってきましたが、やっぱり兵庫の山田錦が一番いいと一般的にされています。

まず、土壌と気候風土に恵まれています。日照が多くて昼と夜の寒暖差があります。酒米の栽培にとっては、日照、水、土壌に加えて寒暖差は大事です。理想は、五月から九月の酒米をつくっているとき、特に夏場の寒暖差が一五度以上あるといいと言われています。また、農家の方がつくり慣れているのもあります。そういった条件を満たしています。

山田錦は栽培される地域によって「特A、A、B、C」といったランクがありますが、兵庫県の特A地区のものが一番とされています。三木市吉川町や加東市東条町などです。気候も毎年の変動があまりない場所です。特A地区というのは質が毎年安定しているということでもあります。よほどじゃないとぶれたりしない。一般的な酒米の二倍以上の値段になりますが、その価値はあります。

山田錦の米粒はしっかりしています。米の粒がある程度大きくて、心白もしっかりあります。そこが良い酒米とされています。

また、山田錦は毎年の出来があまりぶれずに安定しています。猛暑や冷夏といったその年の気候によって多少、やわらかくて溶けやすいとか固くて溶けにくいという差がありますが、基本的にブレがない。それが酒米として一番評価されているところです。杜氏が山田錦が造りやすいと言うのはこの部分です。

山田錦からは骨太で強い酒ができます。最初からずっと力強い味がつづき、最後にぽっと切れます。後味がしっかりしています。

雄町

雄町も山田錦と並んで有名です。

雄町はほとんど岡山県で栽培されています。赤磐雄町（あかいわおまち）という岡山県赤磐市の雄町は特に評価されていて、山田錦に並んで高価です。

雄町は心白が大きいためデンプン質が多く、旨みが出ます。雄町で造ると酒の味にふくらみが出ます。口に含んだときに味がふわっと広がって、すっと切れます。山田錦ほどの強さはありませんが、やさしさがあります。

この雄町は、稲穂の高さが人間の背丈より高く、倒れやすいので、育てるのがたいへんです。今は、改良がすすみ、背丈を短くした丈夫な雄町も広まって、多くの蔵が使うようになっています。

八反錦

最後は八反錦です。

広島県の酒米です。酒米は品種を掛け合わせてつくりますが、八反錦は八反と秋津穂の掛け合わせです。瀬戸内は酒米に恵まれた地域です。

八反錦も人気があり、造りやすいとも言われています。八反錦で造った酒はきりっとした酒になります。線はやや細身で、強さはそれほどないけど、やさしさがあります。味もかなりしっかりしています。

地元で酒米をつくる

日本酒離れが起こったときには、酒米がだぶついたこともありましたが、今は日本酒の輸出も増え、酒米が足りなくなってきています。兵庫の山田錦と、岡山の雄町だけじゃ足りず、全国の蔵で酒米不足が起きつつあります。減反政策も廃止になり、もっといい酒米をつくろうという動きも出てきて、酒米づくりに力が入れられるようになってきました。

そこで、兵庫や岡山以外でも酒米をつくろう、地元で山田錦や雄町をつくろう、という動きが出てきました。

山田錦では、徳島の阿波山田錦、それから鳥取の田中農場の山田錦も良いです。秋鹿は大阪の自営田でつくっています。九州でもつくられています。あと、神奈川県の海老名でもつくられています。これまでこのあたりが山田錦栽培の北限と言われていたのですが、今では新潟でもつくっています。これから、いろいろなところで山田錦がつくられるようになるはずですが、山田錦は日照と水と寒暖差といった気候風土に恵まれていないとつくれない米でもあります。

また、最近は地元の酒米もふえました。秋津穂、石川門、越淡麗などがそうです。県が奨励して、県産の酒米を復活、改良させたり、掛け合わせたりしてつくっています。県が力を入れていることもあって、安く買うこともできます。地元の酒米を使って造る蔵も出てきています。

蔵が酒米の栽培もしたり、地元の農家と契約栽培をしたりして、県産米、地元米を使おうという動きもあります。いい酒米は取り合いになり手に入りにくい。ランクの下のものを買うぐらいだったら、地元で米をつくってそれを生かした方がいいと考えたのです。地元米の使用がセールスポイントにもなりますから。これからどんどん技術改良が進み、個性も出てくるでしょうから、楽しみな分野です。

造り

生酛(きもと)、山廃酛(やまはいもと)、速醸酛(そくじょうもと)

酛づくりにはいろいろなやり方があります。

多くの日本酒は速醸酛で造ります。速醸酛は酛づくりのときに人工の乳酸菌を加えます。

一方、自然界に存在している天然の乳酸菌を取り込んで育てるやり方もあります。生酛造り、山廃酛造りはそのやり方で酛を造ります。生酛造りで造る酛を生酛、山廃酛造りで造る酛を山卸廃止酛(やまおろしはいしもと)、または山廃酛と言います。

生酛の場合には、半切り桶という桶を半分に切ったようなものに、麹米(こうじまい)と蒸米、それとちょっとの水を足して櫂(かい)という道具ですりつぶします。「酛摺(もとす)り」という作業です。

酛摺りの作業のことを「山卸(やまおろし)」とも言うのですが、その山卸をしないで酛を造るのが山卸廃止酛、略して山廃酛です。

酛摺りをすることで米が溶けやすくなるので発酵の時間が短くなります。一方、山廃はなかなか溶けないので時間がかかります。すりつぶすとデンプンが糖に変わるのが速くなり、すりつぶさないと糖に変わるのが遅くなるわけです。

この発酵過程で、空気中に存在する天然の乳酸菌が入り込み、育ちます。生酛、山廃酛では人工の乳酸菌を加えません。ただし空気中の乳酸菌が入り込み、育つまでには時間がかかります。速醸酛は乳酸菌が育つまでの時間を短縮できるというわけです。でもこの天然の乳酸は強いので、味に個性を加えます。

そして酵母を入れます。多くの生酛造り、山廃造りでは、酵母は協会酵母を入れます。ただ、完全生酛、完全山廃と言われる造りの場合は酵母菌も加えません。酵母菌も蔵に住み着いている天然のもの（蔵付酵母、家付酵母とも言います）が入り込みます。この天然の酵母は強い酵母です。

完全生酛、完全山廃は乳酸菌も天然のものですから、米と水と麹だけで、あとは自然界の乳酸菌、酵母菌が働いてできた酒ですね。

水質にもよりますが、酛ができるまで、速醸酛は一五日から二〇日ぐらい、生酛は三〇日ぐらい、山廃酛は四〇日ぐらいと、一〇日ぐらいずつ違います。酵母が増えてくると、糖がアルコールになる際に炭酸ガスも発生するので、ぶくぶくあぶくが出てくるのですが、それが生酛、山廃酛だとなかなか出てこないんです。

生酛、山廃酛で造ると、手間と時間はかかりますが、強くて個性的な酒を造ることができます。

味わいとしては、どちらも酸も乳酸も強く、酒そのものがきめ細かい。酸が強くなっていないと味がぼけます。酸が強ければ、酸が旨みも甘みも抑え、バランスの良い酒になります。生酛、山廃は、あまり磨いてきれいに仕上げると、特長が削がれてしまいます。

実は、酸が高い日本酒は熟成向きなんです。熟成して酒が強くなります。だから生酛造り、山廃造りの酒は熟成向きで、燗にも向きます。

生酛、山廃はこれからどんどん増えて価値も高まってくるでしょう。

ただし、これを造るのには時間がかかります。熟成向きとなれば、出荷できる前に時間もかかります。

多くの日本酒は速醸酛で造ります。ただし速醸酛でも素晴らしい酒はたくさんあります。完全発酵していること、これが一番重要ですからね。

酵母

酵母はほとんどの蔵が協会酵母を使っています。

協会酵母とは、日本醸造協会が全国のいくつかの酒蔵から分離して培養して販売しているものです。現在、全部で一九種類あります。これはおもに既存の酒蔵に住み着いている酵母を分離して培養したものです。そのうち約半分は現在ではもう使われていません。

その中で一番使いやすいと言われているのが七号と九号です。最近では、六号酵母、一四号酵母（金沢酵母）も使われます。静岡県では主に静岡酵母が使われています。これからも協会酵母に指定される酵母は増えていくと思います。

自家培養酵母を駆使しているところもあります。そういう技術も進んでいます。ただ、企業秘密なので質問してもあまりはっきり言わない蔵も多いです。

九号は主に吟醸造りに向く酵母です。吟醸酒に向くということは華やかな香りが立つということです。酸もあまり強くは出ません。

七号は主に純米酒に向く酵母です。純米酒に向くということは香りが強すぎず、旨味が引き出せて、醪（もろみ）日数を引っぱれるということです。アルコールに強い酵母で、アルコール度数があがっても耐えられます。また、酸もしっかり出る酵母です。純米酒は酸も必要なので、酸が強く出る酵母の方が向いています。また、アルコール耐性酵母というアルコールに強い酵母もつくられています。完全発酵向きの、度数が高くなってもまだ元気がある酵母です。

酵母はまず香りに影響します。あとは造りに影響します。酸にも影響をあたえます。

蔵によって使う酵母は違います。酒質を考えて、水質も考え、最終目的に合わせて酵母を選びます。純米はこれ、吟醸はこれと使い分けたり、いろいろ酵母を駆使して酒ごとに違った個性を出そうとがんばっている蔵もあります。純米も吟醸も同じ酵母を使う蔵もあります。たとえば純米に重きを置く蔵なら七号など、だいたいは、各蔵で基本の酵母は決まっています。軸になる酒、蔵の柱になる酒には基本の酵母を使っているわけですね。

全国新酒鑑評会では、香りが評価されますが、料理に合わせようと思うと浮いた香りはじゃまになります。料理を食べるとき、香水は鼻につきますよね。それと同じ。純米酒は料理と合わせますから、香りが立たない方が向いています。蔵元の中でも全国新酒鑑評会は大事ではないと考える蔵も増えてきています。

水質に合わせた造り

水は硬水か軟水かによって大きく変わってきます。

軟水は川の水や雪解け水といった、大地の表層をとおってきた水です。ミネラル分は多少ありますが、やさしい味です。硬水は伏流水や、地下深いさまざまな層をとおってきた水です。カリウム、ナトリウム、その他いろいろなミネラル成分を豊富に含み、くせのある味です。

水質はまず造りに影響します。硬水の方が軟水にくらべて発酵が早く進みます。生酛造り、山廃造りは酒ができるまで時間がかかりますが、硬水だと比較的早く発酵が進みます。

酒造りで有名な灘も硬水です。灘は、発酵が早いだけに、あえて山廃造りや生酛造りにして、強い酵母で引っぱるところがあります。発酵が早く進んでも、酵母が強ければ醪日数を延ばせます。そうやって奥行きのある酒を造るわけですね。これは、水と造り方を完全に把握した杜氏じゃないできません。蔵は当然、水質に合わせた造りをしています。酒造りは基本的には水質に逆らわない方がいいかなと思います。

また水は酒の味に影響します。

軟水の酒は、刺身など海のものに合う、やさしい味になります。白身の魚が一番合いやすい。

硬水の酒は、しっかりしたものに合いやすくなります。野菜なら、根菜や山菜、きのこ類。味付けがしっかりしているもの、肉やチーズといった脂の乗ったものにも合います。

その蔵の水が硬水か軟水かがわかれば、飲み方や料理との合わせ方がわかってきます。

最近は、軟水だけどちょっと強い酒を造ろうとか、硬水だけど飲みやすく造ろうとしているところもあります。これも料理と合わせるのがおもしろい酒です。

第三章

日本酒の燗と熟成の世界

ここでは、純米無濾過生原酒（じゅんまいむろかなまげんしゅ）のもうひとつの魅力、燗と熟成の世界についてご紹介します。

燗酒の魅力

酒の温度

酒はそれぞれ飲むのに適した温度があります。

たとえば、ワインだとフルボディの赤ワインは冷やすと味がわからなくなるといったことがあります。クラフトビールには、冷やしすぎると、旨みや香りの良さがわからなくなるものもあります。

日本酒も醸造酒ですから、ワインやクラフトビールと同じことが言えるんじゃないでしょうか。ボディの強さ弱さ、香りや旨み、熟成度合い、それら酒質に合ったベストな飲み方をさぐる。それが醍醐味じゃないかなと思います。

世界的に見ても基本的に温めて飲む習慣があるのは日本酒だけです。

燗酒は、日本酒の魅力を引き出す方法です。燗をして魅力が増すことを「燗あがり」すると言います。燗酒の醍醐味を知れば知るほど日本酒の魅力が広がると思っています。純米無濾過生原酒には、燗をすることによってはじめてその魅力が開花するものがいっぱいあると思います。

燗は、瞬間熟成

燗とは、一言で言えば瞬間熟成です。

眠っている旨みが一気に引き出され、バランスが良くなります。日本酒は燗で化けるんです。

造りのしっかりした純米無濾過生原酒は、いろいろな要素を持っています。でも、できたばかりの新酒は、造りがよければよいほど、キレあがり過ぎて、強くて飲みにくいんです。あばれていて、ガスっぽくて、味が乗ってなくて、特に酸が高い酒は強く感じます。

そんな酒も熟成すると、眠った旨みがどんどん広がります。こういう酒は燗をすると眠っている旨みが一気にぱっと花ひらく。熟成の香りもする。そこがおもしろいんです。

酒の季節と燗

日本酒には季節によって適した温度もあります。

春と秋が一番自然で、冷やでも燗でも両方楽しむことができます。

夏と冬は、飲み方は変わってきます。冷たい料理には冷たい酒、温かい料理には温かい酒が、一番抵抗がない合わせ方ですね。

冬にできた酒が、半年たって夏ごろから味が乗ってきて、とてもまろやかになります。そういった酒を夏に冷やで飲めば、それだけでも美味しいです。また、夏は料理が冷たいので、あえて燗酒にするのもからだのためにはいいですね。

燗冷ましのおもしろさ

燗のしたては、香りも立つし、酸も立ちます。突出したものばかりが、ぱっと出てきます。これを「酒があばれている」と言ったりします。

なので、燗をしたらしばらく置いておきます。これを「燗冷まし」と言います。そうすると、おとなしくなって、バランスが良くなり、もっとまろやかになる。常温ぐらいまでに冷めると、すべての旨みの要素が感じられるようになります。

一般的に燗冷ましは良くないと言われます。それは造りが悪い酒の話です。燗冷まししたら化けの皮がはがれたということです。いい酒は燗冷ましが美味しいんです。

燗のつけ方

適切な燗は、酒ごとに違います。プロは酒によって燗のつけ方を変えます。

酒の個性はぜんぶ違いますから、それを熟知した上で、燗のつけ方を考えます。

酒には淡麗もあれば、濃醇もある。酸が強いのもあれば、旨みが多すぎるのもある。新酒、古酒、生、火入などいろいろです。

まずは常温か冷やで少し飲んでみます。そして、燗をするとどこが引き立つのかをイメージします。熱くしても大丈夫か、少し燗するだけでも旨みがわっと出てくるのではないか、など。

燗の温度だけでは決められません。どれぐらいの時間をかけて温度を上げていくのか、燗冷ましをするかどうかといったこともあります。それはあくまで、酒の中身で決まります。

いたわるように燗をする

基本的に燗は、いたわるように温めるのが一番いいと思います。酒も生き物ですから、やさしくします。ゆっくりゆっくり旨みを引き出していきたいので、急速に温度をあげるのは邪道かなと思います。

とはいっても、純米無濾過生原酒だったら燗にくわしくない人が燗をしても大丈夫です。しっかり造られた酒ですから、ゆっくり時間をかけて温めれば多少温めすぎたりしても、簡単に崩れたりはしません。

ただし、電子レンジはおすすめしません。温度の伝わり方が部分的なので、味と香りがバラバラで変な感じになってしまうんです。

奥深い熟成の世界

純米無濾過生原酒（じゅんまいむろかなまげんしゅ）の強さ

日本酒を置いておいてだめになることを、「ひねる」と言います。「ひね香」という独特の香りが出てしまうんです。これまで日本酒は、置いておくとひねる弱い酒が多かったんです。

ただ実は、純米無濾過生原酒は、常温でも平気だと言われるぐらい強い酒です。造りがしっかりしていますから、酒にもよりますが、多少置いておいても大丈夫です。むしろ、酒質によっては、常温で置いておいた方が、熟成が深まって、美味しくなったりします。そのような熟成の変化を楽しめるのも純米無濾過生原酒のかくれた人気になっています。

弱い酒は、やはり早く飲まなければならないし、管理も必要ですが、ボディのしっかりした酒は、管理に気を使わなくてもすみます。

昔は、できてすぐ飲まなければいけないような早飲みの酒しかありませんでした。

三〇年以上前はデパートでも冷蔵庫がないところが多く、貯蔵、管理が良くありませんでした。酒がひねたり、タンパク混濁といって全体がにごったりすることもありました。今は流通も管理も良くなりました。配送しても次の日には着きますし、クール便があるから、夏場でも大丈夫です。だから生の酒が流通するようになりました。

熟成の魅力

もちろん、酒にはできたての旨さもあります。地ビールがそうですね。地ビールも濾過しませんが、ビールの蔵に行って、できたてを飲ませてもらうと、旨み、まろやかさ、ほとばしるピチピチした感じ、全部取りそろえている。

純米無濾過生原酒はできたても美味しいです。ちょっとあばれて、旨みがまだ乗ってなくて、まろやかさに少し欠けますが、ガスっぽいスパークリングのようなほとばしるさわやかさ、フレッシュな生香が楽しめます。じゃじゃ馬のような荒々しい新鮮さです。

ただ本来は、純米無濾過生原酒は、最低半年から一年寝かせて飲んでもらう酒です。冬にできた酒を、真菜板では秋になったら燗をして飲んでもらうことが多いです。

ワイン、紹興酒は、新酒のときには美味しくありません。寝かせることによって価値が出る酒です。一〇年、二〇年の熟成はざらにあります。

日本酒も同じです。造りがいい酒ほど、熟成させた方が、味と落ち着きとまろやかさが出てきます。醸造酒とは、本来は熟成向きの酒です。でも、それはあくまでも、ごまかしのない、じっくり完全発酵させた酒に限ります。

熟成による成分の変化

日本酒は熟成をすると味、色、香りが変化します。

酵母の発達過程で、日本酒には、乳酸、コハク酸、リンゴ酸などの有機酸、アミノ酸が生成されます。燗酒にすると、乳酸は柔らかさになります。また、コハク酸はコクや「押し味」と言われる最後にさらにぐっとくる味になります。そして熟成すると、より甘み、旨みが増します。

熟成させると色も黄色から茶褐色に変化します。糖とアミノ酸が反応して、メラノイジンという色素を形成するからです。

また香りも変化します。熟成の香りは有機酸、アミノ酸がアルコールと反応して熟成中に生まれるソトロンの熟成香です。

しかし熟成によって、ひね香という良くない香りが出たり、味が劣化することもあります。造りが良くない酒は、このひね香や味の劣化が目立ってしまいます。しかし、造りがいい酒は、ひね香や味の劣化より熟成香や熟成の旨みの方が勝ります。こういう酒は燗あがりもします。熟成に適する日本酒は、造りがいい酒なんです。

純米無濾過生原酒の熟成

純米無濾過生原酒は生酒なので、熟成が比較的早いです。できたてから飲める酒でもありますが、冷蔵庫に入れておくと少しずつ熟成して美味しくなります。温度が高いほど熟成は早く進みます。冷蔵貯蔵でもマイナス温度でないかぎり、熟成は進みます。真菜板では一〇度ぐらいで貯蔵しています。

酸度、糖、アミノ酸などの成分によって、また完全発酵によるキレの良さがあるかどうかによって速度は異なりますが、熟成は夏場に向けてどんどん進みます。

秋には、「秋あがり」と言って少しずつ落ち着いてきます。また燗にも向いてきます。造り、酒質によっては、さらに熟成させた方がバランスが良くなり、燗あがりがします。

良質な酒造好適米で、その米の旨みを引き出す造りの技術があれば、米の旨み、糖やアミノ酸を生かした旨みがしっかりあります。低精白であればもっと旨みの個性が強くなります。このような酒は熟成とともに、生香も味と一体化し、甘、辛、酸、旨みのバランスが取れ、さわやかさと旨みの両方を持つ酒になります。これぞ純米無濾過生原酒熟成の醍醐味だと思います。

火入れ酒の熟成

純米無濾過火入れ原酒の場合は、火入れによって発酵がその時点で止まります。酒は落ち着き、おとなしくなります。熟成速度も遅くなり、常温で置いておいても熟成に時間がかかります。

一般的には「冷やおろし」と言って、夏を越して涼しくなった頃に半年熟成で出したりしますが、強くて旨みが切れあがったお酒ほど、熟成には時間を要します。一年ぐらいとも言われますが、理想的には二年から三年と思います。それ以上になると、酒によって異なりますが、それぞれちがった魅力的な個性が楽しめます。

生と火入れの燗のつけ方の違い

生の酒と火入れの酒は燗のつけ方が違います。

生の酒は温度に弱いところもあって、一気にぱっと燗をすると生香が浮いてしまう。だから生はゆっくりあたためて生香を少し飛ばしてやると、味と香りのバランスが良くなります。

火入れして熟成した酒は、急に熱くしても大丈夫です。壊れるものがありませんから。七〇度ぐらいまでぱっと温めても、飲みやすい温度に冷まして飲むと美味しいです。

純米吟醸を燗するなんてという人もいます。しかし、重厚なボディがある酒ならば、吟醸の香りをゆっくり飛ばして旨みとバランスを味わうことができます。

熟成年数の基本

熟成は、まずは半年、一年を目安にするといいと思います。味が乗っているけど若さも残っている。それを料理に合わせる。それが一番わかりやすいと思います。

できてから一年以上経ったものを「熟成酒」や「古酒」と言います。寝かせる年数は、酒によって二年、三年、五年、八年とさまざまです。あまり熟成させすぎると今度は熟成の香りが強くなりすぎたり、味が枯れてきたりします。

純米無濾過生原酒で、今美味しく飲めるものでも、酒質によっては、五年後、一〇年後はどうなるかわかりません。ひね香が出ることもあります。そのようになってしまった酒をどうすればおいしく飲めるか、考えられなくはないですが、やはり難しい。

熟成して旨みが増さなければ、ひね香ばかりになってしまう。なんでも熟成させたらすごいね、とはなりません。これはだめだっていうものもいっぱいあります。それは不完全発酵が原因とも言えます。まだまだ熟成酒の歴史は浅いんです。

熟成する余裕がなくなってきた

これまで、日本酒は熟成のことをまったく考えてきませんでした。管理の問題もありました。一年以内に売らないと、小さい蔵は資金の回収ができないということもありました。

しかし、熟成があるからこそ、いいタイミングで、いい状態で飲むことが、これからのポリシーになると思います。酒をわかった人は、早飲みの酒はあきて、通りすぎていきます。

一方、最近では、純米無濾過生原酒は人気が出てきているので、そこまで熟成させる余裕がなくなってきました。昔は古酒は蔵や酒販店に行けばいっぱいありました。売れ残っていた古酒も多かったんです。でも、人気が出てくると、蔵は新酒からどんどん出さざるをえなくなり、熟成させる余裕がない。

純米無濾過生原酒は生産量も少ないですから、人気が出てきた日本酒は熟成させる余裕がなくなってきてしまいます。まだ若いうちから出荷せざるをえなくなり、そうすると、熟成香や旨みがまだ十分でない、燗あがりがしない状態での酒になってしまうんです。これはちょっと残念なことですね。

熟成酒のマリアージュ

マリアージュの楽しさ、面白味としては、火入れの熟成酒よりも、純米無濾過生原酒の熟成酒の方が幅が広いです。また、個性的な料理に合わせやすくなります。しかし、あまり熟成香が強くなると、合う料理が限られてきます。

ただ熟成させればさせるほどいいというわけではありません。マリアージュを考えると、料理によっては、新鮮な酒を合わせるのがいいこともあります。熟成させすぎると料理に合わせにくくなるときもあります。

ただ、熟成香が強くなりすぎたものでも、ナッツ系やチョコレート、バニラに合ってきたりします。

第四章

日本酒と料理のマリアージュ

それではいよいよ、料理と酒の相性、マリアージュのことをくわしく話したいと思います。

日本酒だけで飲んできたこれまで

日本酒を飲むときに、酒だけで飲む人もたくさんいます。いつからかそういう習慣ができてしまいました。酒だけ飲んであれがいいこれがいいと考える銘柄主義、ブランド志向です。これだと酒だけが一人歩きしてしまいます。実にもったいないと思います。

なぜなら日本酒をはじめ醸造酒は、食中酒だからです。他の醸造酒は料理に合わせています。でも日本酒にはワインのように、いいワインにはいい料理をという発想がごく最近までほとんどありませんでした。日本酒も、料理が主で、酒が従で考える方がいいのではないでしょうか。

日本酒について書いて紹介する人も、酒を主にします。銘柄を紹介し、蔵を取材する。でもそこからどんな料理に合うといったような突っ込んだコメントがありません。利き酒で評価が高かった酒がいい酒となる。これは実にもったいないことです。

醸造酒＝食中酒

ウィスキーやブランデー、焼酎と言った蒸留酒は、バーでそのまま飲むことも多いですね。では、なぜ蒸留酒はそのまま飲むのに、醸造酒は食べ物に合わせて飲むのでしょうか。

それは、醸造酒には個性的な旨みがあり、その旨みは料理に合わせることによって、さらに発揮されるからです。

ワインも紹興酒も、醸造酒は熟成させて旨みが出て落ち着きます。新酒のときは荒く、ぎすぎすして飲みにくい。旨みがまだ乗ってなくて、落ち着かず、まろやかさがありません。熟成させるとバランスが良くなって旨みが出てきます。そして、料理に合わせられるようになります。

そんな醸造酒の中でも、日本酒は一番幅広い個性と繊細さを持っていると思います。

旨みで料理がおいしくなる

純米酒の醍醐味のひとつは「旨み」です。なぜ旨みを追求するかというと、旨みがない酒は料理に合わないからです。美味しい料理には旨みがあります。素材の旨みとか、味付けの旨みです。料理の仕方や、調味料にも工夫があります。だから日本酒も、それに負けないぐらい旨みがあれば料理に合わせられます。純米無濾過生原酒こそ、最高の食中酒であると、私は自分の経験から思っています。

有名な店ほど、料理のじゃまをしない酒が良いと言います。まったくわかっていない。じゃあワインはどういう選び方をするんですか、ワインは料理に合うワインほどいいワインでしょう、だからソムリエがいるでしょう、と言いたくなります。

ワインも日本酒も、同じ醸造酒です。醸造酒は食中酒です。紹興酒もそうです。ビールも料理に合うビールほど、味がしっかりしてキレもいい。

料理人に日本酒を食中酒にしようという思い入れはほとんどありません。日本人でありながら、プロの料理人でありながら、日本酒に対してぜんぜん真剣味がない、研究しようとしない。

その理由に、淡麗辛口が長くつづきすぎてしまった、大吟醸など香りが優先されてきてしてしまったということがあります。日本酒の悪しき歴史で、これらの要因が重なって、日本酒がダメになってしまった。日本酒の発展性がなくなってしまった。

でも、日本酒と料理の「マリアージュ」を考える時に来ているのです。

マリアージュを考える

「マリアージュ」とは、フランス語で「結婚」という意味で、料理と酒の相性のことを言います。日本酒は食中酒です。この基本をもっと広めるべきじゃないかなと思います。

この料理にはこの日本酒が合うという、日本酒としてのマリアージュを広めていかないといけないと思います。

日本酒とワインはまったく違います。ワインに合うものは、日本酒に合うものも多いのですが、日本酒に合うものでワインに合わないものが少なからずあります。日本酒の方がいろんな料理に合わせやすいわけですね。たとえば、ワインは刺身に合いにくいです。酸の強さもありますし、生臭さを助長してしまうから。それだけ日本酒は旨みの幅と要素を持っている。それを素直に認めて広めるべきです。

料理との相性は日本酒の世界では言われてきませんでした。日本酒は刺身に合うとよく言われます。淡麗辛口にしている酒が刺身に合うのは、あたりまえなんです。ところが、その淡麗辛口の酒が肉、チーズに合うのかというとそうではない。淡麗辛口の酒ではワインに完全に負けてしまう。ワインに負けないぐらいの、旨み、酸の強さ、キレのある酒が必要なんです。

かたや、純米無濾過生原酒は、ワインにないアミノ酸の旨みとか、糖とか、米の旨みとか、あらゆる味の要素がふくまれています。いろんな個性のある酒がいっぱいあって、それを料理に合わせて飲むと相乗効果でどっちも生きます。

酒だけ飲むとちょっと強いなと思う日本酒もあります。旨いけど強い。ワインでいうとフルボディ。でも、そんな日本酒も料理に合わせると優しくなる。料理の突出した味を押さえ、足りないものを補ってかけ算的においしくなります。一方、ワインはソースやスパイスなど味付けに合わせるため、足し算的と言われています。

料理人にとって非常に楽しい酒です。今までの日本酒の常識を変えるかもしれないと思っています。肉、チーズに日本酒なんてと思っていても、実際に合わせると美味しいわけですから。

味のバランス――五味、キレ、後味、香り

日本酒の味の要素は、いわゆる五味＝酸味、甘味、塩味、苦味、旨味。それにコク味、押し味が加わります。苦みはあんまりあると苦になりますが、隠し味くらいなら味のうちです。甘味がしまります。

あとはキレです。完全発酵によってキレを良くしないと、しつこくなります。甘ったるい、重い、しつ

こいとはキレが悪いということです。酵母に糖を食い切らせるとキレが生まれます。そうなると後味が良くなります。

また後味の余韻もあります。食べ物も酒もそうですが、飲んだあとに鼻から空気を抜くと、「戻り香」というもどってくる香りがある。これで、素晴らしい後味だとわかります。日本酒にはこの後味の素晴らしさもあります。

出会いとこれから

将来、日本酒を食中酒として発展させるためには、純米無濾過生原酒はこのうえない酒です。単独で量を飲む酒ではなく、時間をかけて味わう酒です。これが広がっていけば、間違いなく日本酒の発展につながります。料理人の腕も、日本酒と料理を合わせることによって発揮させられる。日本酒と料理がセットで発展していくと、世界にも誇れる酒になると思いますね。

ただ、日本酒が食中酒となるためには、それ相応の造りが必要になります。

まず、水質を生かした造りが必要になります。それに米の特長を生かさなければいけない。あとは精米歩合です。たとえば、肉やチーズに合わせるなら、あまり磨かないようにするわけです。

そういったあらゆる要素を考慮して造っていけば、どんな料理にも合わせて酒を造ることができると思います。

軟水で肉、チーズに合う酒を造るのは少々難しくはありますが、生酛造り、山廃造りで天然の乳酸や酵母の強さから生まれる旨みを乗せて造り、熟成させれば、合わせられる可能性も十分にあります。

日本酒は世界に通じる

日本酒は世界的に見ても絶対負けません。これからもっと世界に発信されるでしょう。

ただ、日本酒の食中酒としての魅力を広めようとする人が、まだあまりいません。

本当だったら、日本人のワインソムリエにやってほしいんです。彼らはマリアージュの専門家です。もし日本酒を知れば、日本酒にもワインに負けないマリアージュの世界があるともっと強調したくなるでしょう。

ワインと日本酒のそれぞれの良さを広めれば、ワインソムリエの存在価値はもっと上がるでしょう。日本酒業界からも尊敬される。ワインとの比較も、非常におもしろいと思います。

ところが、今は、われわれ日本酒の世界の人間の方がよっぽどワインとの比較をしています。

ワインにも日本酒にも合う料理があります。ただ、日本酒の方が適応範囲が広い。負けない部分がある。料理と自然に合わせられる部分がたくさんある。

日本酒の本質を知ったら、ワインよりも日本酒は、もっと繊細で、複雑で、素晴らしいな、革新的だなとわかってくると思います。

ソムリエは、この料理にこのワインが合うとすすめるところまではやります。けれども、ワインは造りの説明はあまりしません。日本酒の場合は、造りを説明してなぜ合うのかを説明できます。水、米、酵母、そして造りの違いで説明できる。これはおもしろいと思います。

どんな料理にでも合わせられる日本酒はある

家庭でも、今日は肉料理というときに、今まではだったらワインにしようとなっていたと思います。肉といえばワイン。刺身といえば日本酒。そのあたりで今までは止まっていたと思います。だから日本酒の消費は落ちていったと思います。

でも、日本酒の勧め方で、この現状は変わります。

真菜板をはじめたときに、最初にのどを潤すためのビール以外は、日本酒だけにしぼりました。普通は日本酒だけでどんな料理でも大丈夫という発想はないと思います。でも、実際に自分で片っ端から料理に合わせてみると、どんな料理でも合わせられることがわかってきた。

しかも、ワインよりも日本酒の方が合わせやすいことがわかってきた。日本酒の方が日本人が好む合い方をする。米の持つ旨み成分は日本人にとってはとてもなじみ深いものですから。

料理への合わせ方

料理への合わせ方はいろいろありますが、大まかに言えば、突出したものを抑える合わせ方、足りないものを補う合わせ方、似たもの同士を相乗効果的に合わせる合わせ方などがあります。

一般的には塩辛いものには甘い酒が合います。魚の塩焼きは、料理単体でも、魚の甘みに塩辛さを加えてバランスを取っています。そこに酒を合わせると、酒の甘さが塩辛さを抑えて、魚の甘さの足りないところを補う。抑えたり、補ったり、調和させたりする。

また純米無濾過生原酒には強めの酸もあります。酸が油や甘さを切るので、脂っぽいものに合う。ワインも酸の強いから肉・チーズ料理に合うわけです。酸がない酒は最初は飲みやすいけれども、料理に合わせるとなると物足りなくなってしまいます。

フレンチ、イタリアンと日本酒

日本酒は和食以外のものでも合います。ここ最近、フレンチやイタリアンの店でも、純米無濾過生原酒をあつかうところが、ちょっとずつ増えてきました。

フレンチ、イタリアンの店をしている人も真菜板にはやってきます。最初は洋風の料理に日本酒が合うなんてと思っていても、ためしてみたら納得してくれます。そうして純米無濾過生原酒を店に置く人が少しずつ増えてきました。

味付けに合わせる

合わせるときに味付けも重要です。何味か、スパイスは何を使っているかで合わせ方は変わってくる。味付けが塩こしょうかタレかで合う酒は変わってきます。それがおもしろい。

たとえば豚でも、塩こしょうで食べるのと、カツにしてソース味で食べるのとでは合う酒が違います。そこにぴたっと合わせられるのが真のソムリエでしょう。

日本酒の場合は残念ながら、まだそこまでの人はほとんどいません。けれども、これからは国内でも国外でもこういった人材が必要になってくると思います。

地元のものに合う地酒

海沿いと内陸は、生活習慣が違いますし、季節によって料理が違います。たとえば、海沿いであれば、新鮮な魚を刺身にしたり、そのまま料理して食べることが多いですが、内陸では刺身は当然保存がきかないから、焼いたり、干物にしたりします。

蔵は地元で消費をされることが第一ですから、地元の料理や食習慣に合わせた酒造りをします。そうすると海沿いの酒は淡麗系のきれいなやさしい旨みのあるタイプが多いとか、内陸の酒は濃醇系の酸が強くてキレが良く、旨み、後味のしっかりしたタイプが多いとか、そういった違いが出てきます。

魚に合う酒

軟水系の酒は水がやさしく、魚に合います。特に刺身はそうです。刺身に合わせるには酸度やアミノ酸度があまり高くてはだめです。日本酒度はある程度高くてもいいですが。鯛や平目は、きれいな淡麗な酒が合います。

ただ、脂の乗った魚になってくると、ある程度は酸があって、旨みがないと、負けてしまいます。

肉に合う酒

肉はワインと同じで、酸度が高くて、ボディがしっかりしている酒が合います。

肉の持っている旨みの要素に負けないぐらい、日本酒が旨みを持っていなければだめですね。やはり、硬水系の方が合う酒が多いです。造りがしっかりして、酸が立っていて、旨みがしっかりしている酒がいいですね。

生酛造りや山廃造りの酒は酸が高くてフルボディです。自然界の酵母を使うから、きめ細やかでしっかりしている。これが肉やチーズにたまらなく合います。ましてや燗や熟成をするとさらに合ってきます。

同じ肉でも、鶏、鴨、豚、牛と合う酒は変わるんです。実に微妙でおもしろいです。肉質、脂の違い、におい、味の個性によるものです。

野菜に合う酒

野菜に合わせるときは、あくまでもバランスが大切です。

野菜は種類によっていろんな要素があって複雑です。香りのあるさっぱりした野菜もありますし、根菜など甘みや旨味のある野菜もあります。少し苦味もある山菜など、個性のある季節野菜もあります。また、魚や肉とも組み合わせますし、調味料や、使う油の種類もあります。あとは調理の仕方でも変わってくる。そういった多様性に対応するためには、軟水系なのにしっかりした酒や、硬水系なのにやさしい酒などもあると合わせやすくなります。

チーズと日本酒

チーズと日本酒も実によく合います。

チーズは乳酸発酵食品、日本酒も乳酸発酵です。なのでチーズにも合うんです。

チーズにはタンパク質が分解されてできたたくさんの旨み成分があります。その旨みの要素に日本酒が合わせられるんです。特に生酛造り、山廃造りの酒はよく合います。熟成酒、燗酒はまたよく合います。

フルーツやケーキと日本酒を合わせる

フルーツやケーキと日本酒を合わせることだってできます。

日本酒には酵母の働きによる香りがあります。低温発酵をすると芳香性エステルの香りが出ます。吟醸の香りもこれです。

バナナ、りんご、いちご、メロン、みかんなどにたとえられるような、さまざまな香りが日本酒にはあります。熟成させると、またさらにいろんな香りがします。これをフルーツやケーキに合わせてやると相乗効果でとてもおいしくなるんです。

また日本酒の発酵に必要な乳酸はフルーツやケーキと合うんです。

フルーツやケーキと似ている甘さ、やさしさがある酒は合わせやすいです。またしっかりしているけどやさしい酸があれば、フルーツやケーキの甘さを切ってくれて、さっぱりもさせてくれます。

カレーと合う日本酒

なんと、カレーと日本酒を合わせることもできます。

スパイシーなものには、よっぽど強く個性的な旨みがないと合わないのですが、日本酒はそれだけの旨みを持っています。熟成した酒はよく合います。デンプンが分解されたブドウ糖、タンパク質が分解されたアミノ酸が熟成の過程で反応し合って複雑な旨みが造りあげられているんです。熟成をすると色もつやも出てきます。熟成の過程で生まれたスパイシーな香りもある。あとは酸の強さも大事です。

料理の突出した部分を日本酒の持っている要素がまろやかにする。料理の足りない部分を日本酒が補う。

この相乗効果が日本酒の醍醐味です。

第五章

純米無濾過生原酒の美味しい蔵

ここでは、真菜板に置いてある一六蔵の日本酒とそのマリアージュについて、ひとつひとつお話ししていきます。

マリアージュについては、一種類の料理に一種類の酒の形でご紹介しています。ただ、真菜板には季節によって異なりますが、それぞれの蔵の酒について、酒米、精米歩合、熟成、造りなどの異なるものを二、三種類そろえてあり、それぞれの個性のちがいも楽しんでいただけます。

●●● 開運(かいうん)

開運は静岡県の掛川の酒です。

真菜板には一一月末から春ぐらいまで、純米無濾過生原酒(じゅんまいむろかなまげんしゅ)を置いています。山田錦の精米歩合五五％。基本の酒です。また春を過ぎると「ひや詰め純米」を置いています。火入れながら、瞬間火入れ、瞬間冷却なので、味が損ねられておらず、フレッシュさも残っています。真菜板では冷やでお出ししています。最初の一杯として、酒だけで飲んでも美味しいです。

開運は酸を高くせず、アミノ酸も多く出さないようにして、きれいなバランスのとれた酒を造っています。開運の純米無濾過生原酒を飲んで、原酒だって言うとみんなびっくりする。

それぐらい飲みやすく、ある面では純米無濾過生原酒の基本ともいえるでしょう。精米歩合も高く、米を磨いている方ですが、いい米を使って旨みもしっかり出しています。飲みやすい純米無濾過生原酒のひとつのスタンダードじゃないかなと思います。

開運は味が繊細なため、冷やして飲むと良さが生きます。酒だけで飲むと、きれいさ、飲みやすさ、旨み、キレ、バランスの良さを感じます。決して甘ったるくなく、かつ違和感がない。若くてフレッシュな方が、開運らしさが出ます。初心者にもその美味しさがわかりやすいので、はじめて真菜板に来られる人には開運からおすすめすることが多いです。

もちろんこういったわかりやすい酒を造ることがいかにすごいことか、わかる人にはさらにその価値がわかります。

酵母は静岡酵母を使っています。フルーティーな香りが立つ酵母ですが、開運ではそれをぷんぷんさせすぎないよう抑えながら使っています。

開運を造る人たち

開運に出会ったのは一九八二年、蔵元の土井清幌社長（現在は会長）と知り合ったのは一九八五年のことです。

土井社長と杜氏の波瀬正吉さんとの信頼関係は素晴らしいものでした。普通、他の蔵は杜氏を表に出して紹介することはありません。でも土井社長は波瀬さんを勉強のためにと東京の酒の会にどんどん参加させました。背広がぜんぜん似合わず、いかにも職人というごつさでした。

波瀬さんは、事故でケガをして、腰や背骨をわずらったりして、二〇〇九年に七六歳で亡くなりました。それまで社長とは四一年間一緒だったといいます。杜氏がひとつの蔵に長くいること、これが本当に重要です。

波瀬さんは、もともと能登誉（のとほまれ）などの蔵にもいたのですが、開運に来て自分の酒を造れるようになりました。波瀬さんは酒を知り尽くしていました。それでもさらに土井社長は波瀬さんに、どこが問題なのか、もっといい酒を造るためにはどこをどうしたらいいのかと聞きました。波瀬さんも素直に「もっとこうしたい」と伝えました。素晴らしいチームワークで毎年進歩していきました。

波瀬正吉さん

土井社長は酒質を上げるために、短い時間に大量の水で洗うことのできる洗米機を導入したり、洗った米を空気に触れさせずに甑に運ぶエアーシューター、温度管理の機械、空調など、毎年設備投資をしていました。

印象に残っている波瀬さんの言葉に、「まだ四一回しか酒を造ったことがない」というものがあります。日本酒は一年に一度しか造れません。毎年マンネリ化せず、挑戦して、新しい酒を造ろうとしていたからこそ、四一回しか造ってないと言えたのでしょう。

毎年の挑戦の成果を、私たちが確かめます。波瀬さんは、「この酒どうかねぇ、今年こんな酒造ってみたけどどうかねぇ」と謙虚に聞く。私たちはその思いにこたえるために、真剣に味わう。そうしているうちに、わずかな欠点もなくなっていき、完成の域に近づいていったのです。

波瀬さんが亡くなってからも、開運の質は下がっていません。ぶれていないと思います。今の若い杜氏の榛葉農(しんばみのり)さんは波瀬さんのお弟子さんです。波瀬さんは榛葉さんや蔵人のみなさんにちゃんと酒造りを伝えていたのでしょう。

開運のマリアージュ

料理は刺身に合います。日本料理は刺身から出されることも多いので、酒の順序でも開運は最初の酒という印象です。初心者にもわかりやすい酒なので、最初に出したいという気持ちもありますね。

刺身の中でも、特に白身の魚に合います。それだけでなく、旨みとキレのバランスが素晴らしいので、カツオやマグロにも合います。カツオもマグロも、開運の蔵がある静岡の名物ですね。さっぱりした初ガツオとの組み合わせは特に絶品です。同じく静岡の名物の桜海老やシラスにも合います。イカ、タコにも合います。

煮付けよりも焼き魚に合いやすく、川魚より海の魚に合いやすいです。貝は帆立やあさり、はまぐりといったくせのないものが合います。

開運（純米無濾過生原酒・山田錦 55%）と白身魚カルパッチョのマリアージュ

開運（かいうん）　　株式会社 土井酒造場
〒 437-1407 静岡県掛川市小貫 633
TEL 0537-74-2006　FAX 0537-74-4077　http://kaiunsake.com/

あとはトマトなど、味わいのある野菜は合います。和風ドレッシングなどのサラダが合いやすいですね。みかん、イチゴ、メロンといったフルーツにも合わせやすい。

しっかり発酵させているから、チーズでも、乳酸臭のするやさしいクリームチーズやカマンベールなら合わせられますよ。

●●● 宗玄（そうげん）

宗玄は、石川県の能登半島の先っぽの方、珠洲（すず）市の酒です。

真菜板に置いてあるのは山田錦の精米歩合五五%、八反錦の精米歩合五五%、山田錦の純米吟醸（精米歩合麹米五〇%、掛米五五%）です。冷やでお出しすることが多いですが、八反錦五五%、山田錦五五%、六五%などは燗をしてお出しすることもあります。とても美味しいです。

宗玄は高い位置でバランスの取れた酒です。酸度、糖、アミノ酸、米の旨み。すべてがしっかりあり、しかもバランスが取れている。淡麗辛口じゃなくて、きれいな濃淳旨口の酒です。

酵母は一四号酵母、金沢酵母です。そんなに香りが立たない純米酒の特長を出しやすい酵母です。

宗玄は基本的には若々しさを味わう酒です。味の乗りも早く、半年から一年ぐらいで飲むのが美味しい。特に秋口ぐらいから味が乗ってとても良くなります。

宗玄との出会い

宗玄をはじめて飲んだとき、すごい酒だと思いました。それで蔵に行き、杜氏の坂口幸夫さんに会って、いろいろ聞きました。そして、心意気と情熱の違いに感動しました。それから、坂口さんもお店に来てくれましたし、私も一〇年以上前、蔵に通いました。坂口さんになぜこういう個性的な旨い酒ができるのかとたずねると、「ごまかしのない酒だから。でも、だから難しい」とおっしゃっていました。ごまかしのない酒を造るほど難しいことはないと。目を離せないと。

坂口杜氏が好きな酒

坂口さんは山田錦の精米歩合五五％をスタンダードとして考えています。きれいさがありながら、しっかりした旨みもある。喉を通ったあとにぐっともどってくる押し味がある。冷やでも美味しいし、燗をすると旨みが広がってまた美味しい。

ただ私は山田錦の六五％もとても魅力的だと思います。味が多いですが、燗をするとしっかりした旨みを感じられる。しっかりした料理にも合わせられます。また山田錦の純米吟醸も、きれいで、静かな吟醸の香りもあり、別の魅力があります。

また八反錦五五％の酒も美味しい。山田錦五五％とくらべて飲むと山田錦と八反錦の米の違いをはっきりと感じられます。山田錦は強さと旨みをより感じますが、八反錦はやさしさと甘みを感じます。

宗玄のマリアージュ

宗玄はまず刺身に合います。白身魚よりも青魚。しっかり旨みのある魚や、脂の乗った魚の方が合いやすいです。焼き魚もいい。酒の味乗りの程度にもよりますが、刺身だと八反錦、焼くと山田錦が合います。また意外かもしれませんが、ポン酢がとても合うんです。

その他に、バター焼き、煮魚、〆サバなどのしめた魚、粕漬けや味噌漬け、麹漬け、マス寿司や、ブリのかぶら寿司にも合います。個性のある味や、熟成させて旨みが出たものに合うんですね。

宗玄（純米無濾過生原酒・八反錦 55%）となめろう de フランスパンのマリアージュ

宗玄（そうげん）　宗玄酒造株式会社
〒927-1225 石川県珠洲市宝立町宗玄 24-22
TEL 0768-84-1314　FAX 0768-84-1315　http://www.sougen-shuzou.com/

味の幅が広くて深いので、珍味系も守備範囲です。あとは個性的な貝。牡蠣も合います。貝類には個性がありますから、合いやすいですね。あと、山田錦六五％は金沢名物の治部煮に燗酒を合わせるとたまりません。

山田錦純米吟醸はショートケーキやメロンにも合います。吟醸の香りと旨み、甘みのバランスの良さが生きるからです。果物はそれぞれ個性的な甘みと旨みがある。それと酒の香り、甘み、旨みを寄り添わせる。

熟した果物には少し熟成した酒が合います。マンゴーやメロンは熟してくると旨みが乗ってきますので、それに合わせると、まったりとしてより美味しくなります。

それに、やや軽目の洋風料理、イタリアンなど洋風に味付けした料理にも合います。

お店には、「なめろうdeフランスパン」というメニューがあります。魚を味噌と一緒にたたいたなめろうを、フランスパンにのせます。発酵バターを塗り、ごまをかけるなどひと工夫があります。肉系のしっかりしたアミノ酸よりも、味噌や発酵バターといった発酵食品の軽いアミノ酸に合わせやすい。魚の旨み、味噌、バターの旨み、これらすべてと酒が調和するとたまりませんね。

諏訪泉（すわいずみ）

諏訪泉は、鳥取県の山間、智頭（ちづ）町の酒です。純米酒しか造っていないという全量純米の蔵です。真菜板に置いているのは「田中農場」です。七〇％の低精白です。普通売られているのは一年熟成ですが、お店のものは二年熟成です。燗でお出しすることが多いですが、やさしさもあり、冷やでも飲めます。諏訪泉には「冨田」という酒、「田中農場」という酒があります。「冨田」「田中農場」は米のブランドの名前です。

冨田は兵庫の田んぼで、田中農場は地元の鳥取の農場で、いずれも山田錦をつくっています。冨田の山田錦で造ると強さと旨みがありながらもきれいな酒になります。田中農場の山田錦で造るとしっかりとした旨みがたっぷりの熟成向きで個性的な酒になります。

諏訪泉は酒だけで飲むと、バナナやセロリのニュアンスを感じさせるさわやかさがあります。口に含んだときの印象はやさしいのですが、そのあとに強さがぐっと来る。そして、後味はすっと消えます。

酵母は九号酵母を使っています。

燗をするとさらにまろやかになります。旨みが広がり酸の強さとぴったりあって、料理に合わせやすくなります。もともとやさしい酒ですので、時間をかけてゆっくり温めます。四五度で止めて、すこし冷まし、ちょうど四〇度になるぐらいがいいですね。

超軟水の酒

諏訪泉は水が超軟水です。軟水の酒は基本的にはきれいでやさしい酒になりますが、諏訪泉の無濾過生原酒は酸がしっかりしていて、超軟水の酒のわりには強い。完全発酵させて、酸の強さと度数の強さを出し、酒を強くも辛くもさせている。そして、きれいな旨みを乗せています。軟水でこれはとてもめずらしい。

これがこの蔵の酒の特徴です。純米無濾過生原酒で強い酒を造ろうと挑戦しているんです。造り手の技術で、自分たちのイメージする酒を造る。そして地元の料理に合うようにする。これこそ地酒ではありませんか。

諏訪泉との出会い

諏訪泉とのつきあいは、味里を開店した一九八二年からです。当時の蔵の社長の南條倫夫（みちお）さんがよく店に来ました。東京大学の仏文科卒で大江健三郎と同期です。よく大江さんと一緒に新聞に出ていました。文学青年だったそうです。

昔から諏訪泉は純米に力を入れていました。ただ昔は、きれいで飲みやすい純米だったんです。だが物足りない。それに無濾過ではありませんでした。

南條社長と今の社長の東田（とうだ）雅彦さんが店にいらしたときに、純米無濾過生原酒を造ってくださいと本間酒店の本間さんとともに説得しました。南條社長は反対しました。生は麹の酵素臭が出て飲みにくくなるからと。それでも造ってくださいと言ったら東田さんは乗り気でした。そして、いざ造ってみると、なか

諏訪泉（純米無濾過生原酒・田中農場山田錦70％）と揚加茂茄子、万願寺唐辛子、白味噌だれ、山椒、青ゆずふりのマリアージュ

諏訪泉（すわいずみ）　諏訪酒造株式会社
〒689-1402 鳥取県八頭郡智頭町大字智頭451
TEL 0858-75-0618　FAX 0858-75-3082　http://suwaizumi.jp/

なかよかった。

やさしい水でいかに強い酒を造るか。いかに地元の素材に合わせて造るか、いかに地酒らしさを出すかを追求していったわけです。酵母も技術も駆使しました。これがうまくいきました。

諏訪泉のマリアージュ

一般的に軟水の酒は刺身に合いやすいのですが、諏訪泉は刺身よりも、川や山のものに合います。そのギャップがまたおもしろい。

蔵があるのは川が流れる山奥で杉の産地です。この地元の料理や素材に合わせています。だから山のもの、畑のものに合うんですね。

中でも、しっかりした野菜料理が相性抜群です。茄子や野菜を炒めたものや、発酵バター野菜炒めも合うし、厚揚げネギ醤油がけや、賀茂茄子、のんべ茄子、きのこにも合います。ネギ、大葉、みょうが、しょうがや山菜といった個性の強い野菜と合わせても美味しいです。根菜の煮付けや、筍の煮物も合いますね。

●●● 秋鹿（あきしか）

秋鹿は大阪府の北西部、能勢の酒です。

真菜板に置いているのは主に「へのへのもへじ」です。純米吟醸の無濾過生原酒、山田錦の精米歩合六〇％です。酵母は九号酵母です。冷やでもいけますが、燗すると特徴である米の旨みが出てきます。

酒だけを冷やで飲むとドライな白ワインのイメージがあります。これはアミノ酸が少なめなことから来ています。酸の強さから来る強さ、辛さ、キレの良さがあり、すっきりとした旨みがあります。新酒だと、辛さ、強さ、ガスっぽさからちょっと飲みにくい。それが、熟成させることによって少しずつバランスが良くなってくる。熟成向きの酒です。

蔵があるのは、前は田畑で後ろが山という大阪とは思えないほど自然が豊かなところです。ここには、古くから親しまれている能勢の名水があります。

秋鹿は真菜板の開店以来あつかっています。

秋鹿は主に自営田で米を栽培しています。将来的にはすべての酒を自営田の米で造ることを目指しています。蔵から少し行ったところに巨大な田んぼがあります。全部、堆肥や米ぬかなどを使った有機肥料です。秋鹿には「嘉村壱号田（かむらいちごうでん）」という名前の酒がありますが、これは田んぼの名前から来ています。その田んぼでは一番質の高い山田錦をつくっています。また、改良し背丈を低くした雄町もつくっています。

春から秋にかけては米をつくり、秋から春にかけては酒を造りと、一年中、米づくりと酒造りをしています。それでも一二〇〇石（一石で一升瓶一〇〇本）ぐらい造っています。それ以上は増やせない。全部、手造りです。

秋鹿の燗

秋鹿は冷やでも美味しいですが、熟成して燗すると化けます。やさしい旨みが引き出されます。でも、アミノ酸が比較的少ない方なので雑味はまったく感じません。キレあがった旨みです。バランスが良くなり、違った魅力が出てきます。

秋鹿は熱めに燗します。特に若い酒は燗の直後はあばれて、味がバラバラになります。それをちょっと冷まします。

秋鹿のマリアージュ

秋鹿はいろいろな料理に合わせやすい酒ですが、淡泊なものより、味がしっかりしたものの方がいい。鶏の塩焼きが一番わかりやすいですね。酒が鶏の脂をばさっと切ってくれる。揚げ鶏のネギソースがけもいいですね。鴨肉や、ジビエのような野生肉も大丈夫です。酸の切れ味が特長ですから、脂をピッと切ります。バーベキューも合いますよ。野菜も入れて、塩こしょうで味付けする。そういうのに合います。山のものでは、たとえば松茸が旨い。山菜、根菜、きのこは合います。すっきりした味付けの方が合います。

カマンベール、フィラデルフィア、モッツァレラなど、乳酸の高いクリーミーなチーズも美味しいですね。

秋鹿（へのへのもへじ純米吟醸無濾過生原酒・山田錦60%）と合鴨ローストマデラソースのマリアージュ

秋鹿（あきしか）　秋鹿酒造有限会社

〒563-0113 大阪府豊能郡能勢町倉垣1007　TEL 072-737-0013

●●● 悦凱陣(よろこびがいじん)

「悦凱陣」は香川県の琴平町(ことひらちょう)の酒です。

真菜板に置いてあるのは、山廃造りのものが中心です。「赤磐雄町」(精米歩合六八%)「讃州雄町」(精米歩合八〇%)の二種類があります。同じ雄町ですが産地が違うんですね。あとは速醸酛(もと)の「オオセト」(精米歩合六〇%)と「讃州山田錦」(精米歩合七〇%)です。オオセトは香川県で栽培されているやや小粒の酒米です。温度は、常温でも美味しいのですが、やはり燗がいいですね。

悦凱陣はワインにたとえるならフルボディの赤ワイン。真菜板で一番しっかりした強い酒のひとつです。酒だけで飲むと、なめらかなナッツのような熟成の香り、樽で保存したワインのような香りがします。そのままでぐいぐい飲むというよりは、何かを食べたくなります。

山廃造りの方は、山廃ならではの乳酸も強く、甘み、ふくらみもあります。アミノ酸度が高いため、色がついていきます。糖とアミノ酸が熟成の過程で化合して色がつきます。

酵母は九号酵母を使っています。九号酵母は本来、香りが出やすいのですが、それを抑えながら使っている。

しっかりしているので、熟成に向いています。古酒もかなりおもしろい。でも、蔵に寝かせる酒がないぐらい売れています。なので、店では熟成をすすめるために、常温で保存しています。これを「いじめる」と言うのですが、常温でこんなにへこたれない酒とは、やはり造りの良さ、完全発酵の強さです。

悦凱陣（純米無濾過生原酒・オオセト山廃60%）と煮込みハンバーグモッツァレラチーズ焼きのマリアージュ

悦凱陣（よろこびがいじん）　有限会社丸尾本店
〒766-0004 香川県仲多度郡琴平町榎井93
TEL 0877-75-2045　FAX 0877-75-2116

毎年毎年どんどんキレが良くなっていきます。醪（もろみ）日数を三〇日以上引っぱっているからです。自ら杜氏もつとめる蔵の丸尾忠興さんは完全発酵にこだわっています。旨みの多い、フルボディタイプの酒なので、キレあがらせて、熟成向きに仕上げているんですね。

速醸酛の「オオセト」は山廃にくらべると少し軽目です。米は契約栽培です。オオセトは食べると甘味がなくパサパサして粘り気がないのですが、麹菌が入りやすい米です。オオセトを使ってこんな旨い酒を造るのは悦凱陣しかいないと思います。

悦凱陣のマリアージュ

悦凱陣の燗冷ましは、究極の食中酒です。丸尾さんはそれをねらって造っています。

料理は、肉料理、チーズ料理に合います。チーズは特にブルーチーズに合います。日本酒のマッチングとしては究極です。ありえない世界です。ゴルゴンゾーラに合い、鶏にも合いますから、店のメニューでは、「軍鶏トマトガーリックバターゴルゴンゾーラ乗せ」。トマトがクッション役を果たし、絶品の組み合わせです。

鶏の唐揚げは合いますが、魚の天ぷらは脂の乗った魚に限ります。たとえば穴子の天ぷらはオオセトに合います。貝にも合わせやすいです。あさりを発酵バターで焼いたり炒めたりしたものはおすすめです。

意外かもしれませんが、なんとカレーとも組み合わせられます。カレーうどんには赤磐雄町。赤磐雄町はふくらみがあり、カレーに対抗できる強さがあります。讃州雄町も合うんですよね。讃州雄町は三年熟成ぐらいがちょうどよくなります。

風の森

風の森は、奈良県の内陸、御所市の酒です。

風の森にはいくつか種類があり、どれも魅力的です。真菜板に置いてあるものは季節によって変わります。

笊籬採りの雄町の精米歩合八〇％は、低精白の代表格です。低精白なので米の旨みがしっかりあり、かつ醪日数を引っぱっているからキレがいい。そして、雄町だから味が乗り、酸も高めですね。飲み込んだあとも、酸の強さと辛さを感じます。造りの上手なところです。熟成して旨みが乗り、やわらかくなっても、甘くは感じない。

笊籬採りはしぼり方です。これをやっているところは風の森だけで、笊籬採りの登録商標も持っています。笊籬採りはタンクの中にしぼり器を入れてしぼるやり方で、空気に触れない。タンクの真ん中の一番バランスのいいところから酒をしぼります。

ガスもそのまま詰めていますし、酵母も少しは生きているので瓶内の発酵が続いてガスが出ます。なので封の切り立てにはしゅわっとした炭酸感があります。これがまた人気です。

笊籬採りの山田錦の精米歩合八〇％もまたいいですね。

それから、「こぼれ酒」。秋津穂の精米歩合六五％です。秋津穂はやさしい米です。地元の酒米で契約栽培です。「風の森」は地名で、山の峠にあります。蔵がある場所より高いところです。周りは森で、そこに田舎のバスが走っている、風情があっていいところです。そこの棚田で栽培されています。山からちょろちょろやさしく流れてくる水が田んぼに入ってきます。大和芋でも有名なところです。この酒は六五％と磨いてるからきれいですが、個性もあります。

また季節によっては「真中採り（まなか）」という酒もあります。これも秋津穂の精米歩合六五％です。真中採りは、酒をしぼるときにしぼりはじめやしぼり終わりではなく、真ん中の酒質が一番安定しているところを詰めています。

この蔵の水は硬水です。葛城山の伏流水で、地下に長い年月たまっている水を、地下から井戸でくみあげているので硬水になったのでしょう。

硬水の酒は一般的に強くて辛くなります。でも、風の森はあえて飲みやすく造っています。純米無濾過生原酒のいいところは、強さの中にもやさしさと旨みを出せるところです。この蔵は硬水でもやさしく造るやり方をわかっています。

キレが良く、酸も高い。やや甘みがありますが、酸の高さによって甘みもキレます。甘み、旨み、酸味のバランスがいいです。こんなことが可能なのは、醪日数を引っぱっているからです。三〇日以上、引っぱりに引っぱって、キレを良くしています。

酵母は七号酵母を使っています。純米酒造りに向く酵母と言われます。風の森にはこの酵母から生まれた独特の香りがあります。吟醸の香りではなく、果物が熟成したような他の酒にはない香りです。果物にたとえると、洋梨が近いでしょうか。ラ・フランスが熟成してやわらかくなったような、吟醸じゃないのに、フルーティーでトロピカルな香りがします。普通日本酒の香りは吟醸の香りで、リンゴのデリシャス、

郵便はがき

料金受取人払郵便

神田局
承認

3208

差出有効期間
平成30年5月
31日まで

101－8791

507

東京都千代田区西神田
2-5-11出版輸送ビル2F

㈱花伝社 行

ふりがな
お名前

お電話

ご住所（〒　　　　　　）
（送り先）

◎新しい読者をご紹介ください。

ふりがな
お名前

お電話

ご住所（〒　　　　　　）
（送り先）

愛読者カード

このたびは小社の本をお買い上げ頂き、ありがとうございます。今後の企画の参考とさせて頂きますのでお手数ですが、ご記入の上お送り下さい。

書 名

本書についてのご感想をお聞かせ下さい。また、今後の出版物についてのご意見などを、お寄せ下さい。

◎購読注文書◎

ご注文日　　年　　月　　日

書　　名	冊　数

代金は本の発送の際、振替用紙を同封いたしますので、それでお支払い下さい。（2冊以上送料無料）

なおご注文は　FAX　03-3239-8272　または
メール　kadensha@muf.biglobe.ne.jp
でも受け付けております。

風の森（純米無濾過生原酒・笊籬採り雄町 80%）とゴルゴンゾーラはちみつがけオーブン焼きのマリアージュ

風の森（かぜのもり）　油長酒造株式会社
〒 639-2225 奈良県御所市中本町 1160
TEL 0745-62-2047　FAX 0745-62-3400　http://www.yucho-sake.jp/

バナナ、メロン、いちごといった香りが定番ですが、その吟醸の香りとは違うからおもしろい。発酵日数を引っぱるからこそ、独特の香りが出るのだと思います。

風の森の蔵

風の森の山本長兵衛会長は、もともと地元で「鷹長（たかちょう）」という銘柄酒を主に出しています。一〇〇〇石ほど地元で売れている中堅どころでした。

純米酒に力を入れるようになって、一〇年ちょっと前から風の森という名前の酒を出しはじめました。時代の先を読んでいましたね。

純米酒に力を入れるようになってから、酵母、精米歩合、米、全部にこだわり、毎年良くなっています。香りを少し抑えるようになってから、どんどん造りが良くなりました。純米酒は食中酒ですが、香りが強すぎない方が料理に合わせやすいんです。

風の森はまだ石数が非常に少なく、五〇〇石ぐらいです。契約栽培が難しく、なかなか秋津穂が増えないとのことでした。だから雄町で造ったりしているわけですね。でも、風の森は今すごく人気ですから、徐々にこれからは生産量が増えるとのことです。

風の森のマリアージュ

料理は、野菜が一番合わせると美味しい。こぼれ酒はしっかりした野菜、季節野菜に合います。山菜、根菜、きのこ、それらを油で炒めて合わせると素晴らしく美味しい。豚肉を入れたゴーヤチャンプルーも美味しい。

それから、山芋は産地だけあって特筆です。千切りもいいですし、磯辺揚げもいいです。山のもののバーベキューもいいです。魚では川魚に合いますし、鶏肉にも合わせやすい。真菜板の鶏はあまり脂っぽくないのでよく合います。笊籬採りの方が合うかなと思います。

酸が高いのでチーズにも合いますよ。特に個性的なチーズに合います。特に、ブルーチーズや、モンドールという超個性的なチーズに合います。お店のメニューでは「ゴルゴンゾーラはちみつがけオーブン焼き」がいい。乳酸臭の強いチーズにはちみつをかけたものを、燗酒に合わせると本当に美味しいです。

●●● 神亀(しんかめ)

神亀は、埼玉県の蓮田市の酒です。

真菜板に置いているのは「ひこ孫」です。神亀では定番の酒です。

神亀は硬水でもあるので、新酒では少々飲みにくい酒です。強く辛く固い。だからあえて三年熟成させてまろやかにしたものがひこ孫です。酒にはほんのり熟成の色が付いています。これを熱めに燗して、少し燗冷ましして飲むのが素晴らしく美味しい。熟成酒の燗冷ましのモデルになる酒です。

ひこ孫は生でなく、原酒でもありません。ただ〇・五％程度の加水なので酒が弱っていません。むしろ飲みやすくするための蔵の考えです。

旨みをしっかり感じる素朴な地酒です。酒だけで飲むと、熟成によるカラメルのような風味があります。クミンのようなスパイシーな感じもします。辛さもあり、シェリー酒のようなドライな印象もあります。そして、余韻はやさしい。

上槽中汲(じょうそうなかぐみ)という純米無濾過生原酒もあります。生原酒だけど比較的飲みやすい。雑味が少なく、旨みもあり、キレもいい。燗をしても旨い、よくできた酒です。

神亀と言えば純米酒の蔵です。級別廃止とともに全量純米にしました。

神亀は速醸で、主に七号酵母を使っています。ただ、神亀の蔵は古いので速醸でも蔵付き酵母が入ります。わずかな木の香りがするのは、蔵ぐせだと思います。そのため、あえて山廃造りをする必要はないと思うのですが、代表取締役で杜氏でもある小川原良征さんが、若い自分の弟子のために、経験させようということで山廃造りもしています。

小川原さんとの交流

神亀、そして、小川原さんとの出会いは、一九八二年に味里をはじめる少し前です。神亀と出会い、日本酒に目覚め、燗酒の素晴らしさを知り、マリアージュの大事さを知りました。私の原点となる酒です。

小川原さんは東京農業大学の醸造科出身です。七〇歳近くなりましたがまだまだ元気です。小川原さんの家系はみんな長生き。一〇〇歳以上で表彰されることもありました。

神亀には杜氏はいましたが、小川原さんも蔵に入っていました。当時、蔵元みずから酒を造るのはめずらしかった。そして、酒造りの本音を教えてくれました。

小川原さんはちょっと口が悪いところがありますが、とにかく面倒見がいい。「今度、蔵に来いよな。酒を教えてあげるから」など、愛のある言葉をふっとかけるのです。

真菜板には、年末になると神亀の古酒が、のれんと前かけと一緒に届きます。味里のころは毎年、正月の三日に開店した時に、神亀の純米吟醸の樽酒をふるまっていました。こういったお祝いものの酒をサービスで送ってくれたんです。真菜板の開店のときにも、樽酒を送ってきてくれました。太っ腹でしょう。

これも小川原さんと二人三脚で長年やってきたからです。神亀を広めたから真菜板の今日があるのだという満足感があります。

小川原さんは子どもが小さなときから家族で味里に来てくれました。埼玉で場所も近いので酒を車で運んでもらったこともあります。小川原さんは当時は有名じゃなく、非常に謙虚でした。自分より四つ年下で出会ったころは三五歳ぐらい。奥さんも来て、二人の娘さんは小さかった。

このころはまだ神亀は東京ではあつかわれていませんでした。蔵に行ったとき、どうして東京に売ってないのか尋ねると、小川原さんが売れないと判断していると言われたので、「売れますよ、売ろうとしないからですよ」と思わず言いました。あとで思うと失礼なことを言ったなぁと少しは反省しました。そこからはじまったんです。

古酒がいっぱいあったのを、ずいぶん安く引き取ったものだから、のちに、古酒は味里に行ったからなくなっちゃったと皮肉を言われました。そういう間柄です。

神亀については『闘う純米酒――神亀ひこ孫物語』という本も出ていて、なかなか評判が良いそうです。著者の上野敏彦さんも真菜板に取材に来ました。昔の神亀のことを少し語ってあげました。漫画家の高瀬斉さんの『甲州屋光久物語』の中でも、小川原さんとの出会いや酒のことが描かれています。純米酒を広めることに貢献した鳥取の醸造家の故・上原浩先生も『純米酒を極める』『極上の純米酒ガイド』などの本で神亀を紹介しました。その他にも、日本酒ライターの山同敦子さんや藤田千恵子さん、『夏子の酒』『蔵人』といった日本酒の漫画を描いている尾瀬あきらさんも神亀のことについて書いています。

神亀に日本酒を学ぶ

最初の日本酒との出会いが神亀だったのが私にとっては幸せでした。いい出会いでした。

小川原さんには日本酒のことをいろいろ教わりました。嫌われながらもしつこく質問したものです。店から帰ってからもしょっちゅう電話をかけました。小川原さんは面倒くさがっていましたが、雑誌の取材も来ており、お客さんに間違ったことを伝えられないので、文句を言いながらも教えてくれました。

表面的なことではなく、一番大事なところ、ちょっとした裏話などが聞きたかったものです。アルコール添加についても教えてくれました。アル添酒は飲み過ぎると脳が酔ってかならず悪酔いする。それに添加物だからよくない。混ぜ物のない方が自然だ。そういったことをはっきりと教えてくれました。

蔵の場所が近かったこともありよく見学にいきました。当時他の有名な蔵とは違い、まったくの手造りでこだわりの酒造りをしていておもしろかったんです。

当時の国鉄から払い下げられたコンテナを安く買って冷蔵庫にし、そこに温度調整用の空調を入れて使っていました。最初は三台だったのが今は一〇台ぐらいになっています。

上槽中汲や、その活性にごり酒、しぼりたて生などが売れてきたので、温度管理をしたわけですね。一番低いのはマイナス一五度です。それから、マイナス一〇度、五度、〇度、プラス五度と一〇度以上。こうして生も造り、よく売れるようになりました。

神亀から学んだこと

純米無濾過生原酒を教わったのも神亀です。神亀は純米無濾過生原酒を出していました。活性のにごり酒、しぼりたて生酒などです。上槽中汲はそのあとに出た酒です。

美味しい燗酒を知ったのも神亀でした。小川原さんはいつも主に燗酒を飲むので、燗しても飲みやすい酒を考えました。「三年熟成ひこ孫」はそこで生まれました。

燗冷ましの旨さも教わりました。「ひこ孫」は六〇度から七〇度くらいに熱くしても大丈夫です。それを冷まして飲む。とびきり燗でも五五度以上まで熱くして、体温ぐらいまでに冷まし、四〇度ぐらいで飲むとぬる燗で旨い。そういうことも教わりました。

また、生酒の燗も教わりました。生酒の燗は当時はご法度でしたが、燗だと生香が旨みになり、香りが旨みになって味と一体になること、これが普通の弱い酒だと、生香がぱっと立ち、酵素臭も出て、違和感が出てしまうこと、そういったことを教わりました。

熟成酒や古酒についても教えてもらいました。

神亀と打破した固定観念

神亀から教わったことは、固定観念にとらわれず、何でもためしてみて、自分の舌で判断をするということでした。

あるとき神亀の活性にごりを燗してみました。あぶくがぶくぶくとなり、それがまたさわやかで、非常に評判だったのです。しかも、ガスが抜けた澱（おり）の部分だけを燗するとすごく旨い。日本酒の旨みが全部そこに詰まり、クリーミーで旨みの宝庫だと思いました。にごりの燗酒、その燗冷ましが旨いと広がりました。

何事も、やってみないとわからない部分があるものです。固定観念、先入観を持ったままでは行き詰ります。

神亀（ひこ孫純米・山田錦60%）ときのこのゴルゴンゾーラ松の実のせオーブン焼きのマリアージュ

神亀（しんかめ）　神亀酒造株式会社

〒349-0114 埼玉県蓮田市馬込3-74

TEL 048-768-0115　FAX 048-768-6182

神亀に学んだマリアージュ

マリアージュを学んだのも神亀が最初です。

神亀の蔵に行くときは、最初はいろんな料理を出してもらっていました。ただ、出て来るものが、主に角煮やチーズですよ。衝撃的でした。小川原さんは「日本酒とチーズは合うんだよ」と言う。カルチャーショックでした。肉、チーズに合う日本酒があるのを知ったのも神亀です。

やがて、しょっちゅう行くものですから、酒に合うつまみや食べ物を持って来い、それに酒を合わせるからと言われました。それから神亀に行くときには、かならずいろんなものを持って行くようになったんです。最初は店でつくった料理を持って行ったのですが、面倒になり、池袋のデパートで買って持っていくようになりました。

持参した料理に合わせてちゃんと酒を出してきてくれるのです。たとえば純米吟醸の冷やで飲める酒や、あるいは燗して美味しい酒を料理に合わせる。古酒の燗にも合わせる。このことは非常に参考になりました。いろんな飲み方が酒によってできるんだなと感激したものです。

でも、もしこれが神亀以外の酒だったらどうなんだろう、という発想もあるわけです。水が違う酒、造りが違う酒なら、また違う料理に合うだろうと。

多様な組み合わせを考え、違いを見定めるためにも、自分の中に基準が必要です。そして、研究心があれば、この基準をもとにどんどん学んでいける。

私にとって、厳正な酒の基準は、いつも神亀です。

ごまかした酒造りに基準はない。本物だから基準になるのですね。銘柄が基準になるわけじゃない。造りの中身が基準なんです。

神亀のマリアージュ

神亀はマリアージュが生きる酒です。

合う料理は、燗酒にふさわしく、肉、チーズです。硬水ですし、肉やチーズのタンパク質と相性がいいんです。もつ煮、肝煮や、煮込みハンバーグモッツァレラチーズ焼きなんていいですね。

普通、日本酒専門の居酒屋ではこういう料理は出さないと思うのですが、単独だと強い酒が合わせるとまったりとやさしくなって格別です。燗冷ましはチーズに合わせやすい。

魚では、うなぎにとても合います。タレを付けたうなぎの蒲焼、うなぎのかぶと甘辛煮、うなぎの肝など、素晴らしいマリアージュです。

将来的には、絶対に、フレンチ、イタリアンのシェフがこういった日本酒に注目するようになるでしょう。

竹鶴（たけつる）

「竹鶴」は広島県の竹原市の酒です。

真菜板に置いているのは「小笹屋（おざさや）竹鶴」です。小笹屋は蔵の屋号。広島県宿根（すくね）町の雄町で造られた「宿根雄町」と広島県大和町の雄町で造られた「大和雄町」があります。ともに精米歩合は六五％。竹鶴はとてもしっかりした純米酒ですが、小笹屋竹鶴はまだやさしい方です。でも、広島の酒にしては非常に強くて個性がある。淡麗辛口とは真逆の酒です。これを燗でお出しすることが多いです。

度数も酸度も高いしっかりした酒です。あえて香りを出さず、あえて磨かず、米の旨みを生かして、究極の強さを出しています。これを一年熟成して出しているので、熟成の感じがあります。熟成の色もほんのりついています。

この蔵は、ニッカウヰスキーの創始者、竹鶴政孝の実家なのですが、木や穀物のようなウイスキーっぽい印象があるのがおもしろい。これは蔵の特徴によるものだと思います。七号酵母を使った速醸酛でも、古い蔵のため、ずっと住み着いている微生物がいて、醪日数を引っぱって造るとその影響が大きくなるんですね。後味のトロっとした甘み、余韻もウイスキーっぽい。不思議です。

竹鶴でお話ししたくなるのは、杜氏です。名前は石川達也さんといって、次の世代をになう若手の杜氏です。まだ五〇歳になったばかり。杜氏界のホープです。

石川杜氏は神亀で修業したこともあって、究極の純米酒の造りを目指しています。チャレンジ精神旺盛

竹鶴（純米無濾過生原酒・小笹屋雄町 65％）と帆立貝柱バターソテーパン粉パルメジャーノチーズ焼きのマリアージュ

竹鶴（たけつる）　竹鶴酒造株式会社
〒 725-0022 広島県竹原市本町 3-10-29
TEL 0846-22-2021　FAX 0846-22-2344

で、既存の杜氏とは違う斬新な発想で酒を造っています。

十数年、石川杜氏の造りを見ていると、どこまで強くできるのか、究極の発酵をさせられるのか追求しているようにみえます。強くて、辛くて、フルボディでキレがいい、個性ある酒、熟成と燗に向く酒、それを目指しているように思います。日本酒の未来を見据えています。

二〇〇七年ごろから生酛造りもはじめています。酵母も蔵付きです。自然界の蔵付き酵母を使って造った純米酒が、どこまで強くてフルボディな酒になるのかという、先を見越した独自の酒造りをしている。どんどん進化して、われわれ飲む方も毎年楽しみな酒です。強くて飲みにくいという人もいるでしょうが、むしろそこに価値を見いだしているんです。

同時に、女性にも好まれるようなやさしい酒も、造りで実現できるか挑戦しています。そういう面でも将来どこまで進化するのか楽しみです。

石川杜氏本人は、酒造りを女性にたとえることがあって、「色、つやが大事」と話すことがあります。強さの中になめらかさがある、そういう酒を目指しています。

竹鶴のマリアージュ

相性の良い料理は、油もののようなどっしりとした料理です。肉やチーズにも合うので、フレンチ、イタリアンの店でぜひ使ってほしい酒です。あとは、焼き鳥にも合いますし、中華に合わせても非常に美味しい。

熟成した強い竹鶴はなんとアイスクリームにも合います。料理人にとっては組み合わせを考えるのが楽しい酒です。

真菜板のメニューでは「帆立貝柱バターソテーパン粉パルメジャーノチーズ焼き」が一押しです。

竹鶴はこういう洋風の調理法で、個性的な魚や貝類を料理したものに合わせると、非常に美味しい。雄町の旨み、個性が生きて、前菜風からメインディッシュまで洋風の料理は大丈夫です。熟成と燗が美味しい、典型的なマリアージュが楽しめる酒です。

奥播磨（おくはりま）

「奥播磨」は兵庫県姫路市の酒です。

真菜板に置いているのは主に「袋しぼり」です。兵庫の特Aの山田錦を使い、九号酵母で仕込んでいます。常温で保存し、燗でお出しししています。

精米歩合が五五％と高いので、酒だけを飲むと、まずきれいさを感じます。熟成によるドライフルーツのような甘みと酸味、トロッとしたアルコール感があります。酸度は高いのに、やさしさを感じるのはバランスがいいためです。旨みの種類が多く、複雑さがあります。なのになめらかで上品でしつこさがない。包むような味わいがあります。

奥播磨は灘とは異なり軟水系です。でも山廃造りで造った酒は、非常にしっかりしていて、純米の旨みが大事に残され、かつきれいです。酵母は速醸酛は九号を使っていますが、山廃造りでは七号を使っています。酒だけで味わっても、やさしさと強さが伝わります。

純米酒に力を入れている蔵で、それも生酛、山廃に力を入れています。二〇〇七年ごろからは、蔵の下村裕昭さんが自ら酒造りに精を出しています。

基本的には熟成向きの酒です。新酒だとかえってまだ良さがあらわれません。熟成させることによって、バランスが良くなり、まろやかになり、燗あがりがする酒です。

奥播磨（純米無濾過生原酒・袋しぼり山田錦 55%）と地鶏のネギソースがけのマリアージュ

奥播磨（おくはりま）　下村酒造店
〒 671-2401 兵庫県姫路市安富町安志 957
TEL 0790-66-2004　FAX 0790-66-3556　http://www.okuharima.jp/

奥播磨のマリアージュ

内陸の蔵なので、うるかといった鮎の塩辛のような川魚がおすすめです。ただ、どちらかといえば、動物系のたんぱく質や、きのこや山菜と合わせると良さが引き立ちます。

料理法としては、鶏、鴨を取ってみても、単純に焼くだけでなく、ちょっと中華風に黒酢あんかけをかけて、「軍鶏黒酢あん」のようにすると非常に美味しい。

熟成の赤身肉なんかは肉の旨みの複雑さと酒の旨みの複雑さ相まって美味しいですね。熟成の複雑な旨みのあるチーズもいいですね。

るみ子の酒

「るみ子の酒」は三重県の伊賀の酒です。

真菜板に置いているのは純米無濾過生原酒「すっぴんるみ子の酒」です。冷やでもいい、燗でもいい酒ですね。

酒だけを一口含むと、まず辛さと若々しさを感じます。すっきりした旨みがあり、雑味は少ない。クリーミーさと、こしょうのようなスパイシーさを感じます。そして、飲み込むと後味にきれいな甘みがあります。燗をすると甘みも辛みも引き出されてきます。冷やとはまた違ったところでバランスが取れる。

このバランスの良さが特筆すべきところです。酸は強いですが立ちすぎず、旨みもあって、熟成されることによってまろやかにもなります。平均よりやや強いところでバランスをとっています。酒だけ飲んだ場合は、強さがやや目立つくらいに造っています。ミディアムボディの酒ですね。料理と合わせてはじめてちょうど良くなるように造っているわけですね。

「すっぴんるみ子の酒」は無濾過、無炭素、無加水、無添加を強調しています。強さだけでなく、やさしさも出そうと、酵母も六号、七号、九号と使い分けています。六号酵母はめずらしいです。六号も香りが立ちにくく純米酒向きですが、使っているところは少ないです。酒米は地元の伊賀産の山田錦を使っています。米違いで、全部山田錦のものと、掛米だけ八反錦にしたものがあります。

八反錦の方は、八反錦の良さが生きた酒です。八反錦は山田錦のような太い強さじゃなく、線が細い感じですが、キレあがった強さがあります。その強さを生かしつつ、甘味が後からついてくるようにしています。

小さな蔵で、全部手造りです。杜氏は森喜(もりき)るみ子さん。女性杜氏の走りです。一九九二年に尾瀬あきらさんの漫画『夏子の酒』をるみ子さんが読み、刺激を受けて、新しい酒造りをはじめました。「るみ子の酒」の誕生です。神亀の小川原さんとも考えをともにして、全量純米にもいち早く切り替えました。小さい蔵だったからできたのかもしれませんが。時代の先を行っていましたね。ファンも多く、尾瀬さんが描いたラベルが人気です。

るみ子さんは、こだわりを持った情熱家で、多くの人を惹きつける魅力のある方です。いい酒を造りたい気持ちが強く、研究熱心で、努力家で、自ら進んでアドバイスももらいに行く人です。そして、いまや他の女性杜氏、女性蔵元のためにも積極的に活動しています。酒好きの人には丁寧に説明もしてくれます。そのるみ子さんの人柄が、酒にもあらわれています。

るみ子の酒のマリアージュ

蔵に行ったときにクリームチーズを出してくれました。真菜板でもフィラデルフィアのクリームチーズと合わせます。絶品の組み合わせです。るみ子さん自身が目指す酒をわかっている証拠です。

刺身よりは、少ししっかりした料理に合う。肉だったら、タレよりも、さっぱりと塩こしょうの味付けが美味い。

オリーブオイルや発酵バターの野菜に合わせられるのは、やはり内陸の酒だからでしょう。

るみ子の酒（純米無濾過生原酒・山田錦 / 八反錦 60%）と酒盗アボカドフィラデルチーズ合わせのマリアージュ

るみ子の酒（るみ子のさけ）　合名会社森喜酒造場

〒518-0002 三重県伊賀市千歳 41-2　TEL 0595-23-3040

FAX 0595-24-5735　http://homepage3nifty.com/moriki/

内陸の料理は発酵食、保存食が多く、味付けが甘辛い煮込みやしょっぱい漬け物が多くなります。発酵させると、素材の甘みや旨みが出てきて、こなれてくる。それに合わせるには、酒に味がなかったり、甘みがなかったりすると、物足りないわけですね。味噌漬け、粕漬けもそうです。水分を出して、旨みと塩分が浸透していき、保存できるようになるわけですから。

酒盗というカツオの内臓の塩辛と合わせても素晴らしいです。

鶴齢（かくれい）

「鶴齢」は、新潟県の内陸、南魚沼市塩沢の酒です。

真菜板に置いているのは山田錦の精米歩合六五％の純米無濾過生原酒です。新酒は冷やがおすすめですが、半年、一年熟成だと、ぬる燗にするのも味わい深いです。

旨みを生かし淡麗旨口にまとめています。やさしい酒でバランスが取れています。突出したところがなく、まろやか。酸もやさしいです。スパイス感もあります。後味の余韻はすっと消えます。

ここ一〇年、純米酒に力を入れるようになり、みるみる良くなってきました。淡麗辛口の印象が強い他の新潟の酒と違って、旨みがきちんと出ていて、個性があります。そこが鶴齢の人気が急上昇した理由でしょう。

水は軟水系で酒のやさしさにつながっています。酵母は七号。酸はある程度出ていますが、アミノ酸はそれほど出ていません。このバランスで淡麗さを出しています。

鶴齢のマリアージュ

蔵は内陸にあるため、山、畑、川のものに合わせる酒造りをしています。やさしい酒が新潟は多く、海の魚に合う酒がすでにたくさんありますので、あえてしっかりした酒を造っている。

海のものに合わせることができないかというとそうではなく、エビ、イカ、貝といった少し個性がある

ものを洋風にアレンジしたものが美味しいです。お店では、オリーブオイル和えが、前菜系の料理として
ぴったりです。あとは、鮭とばもよく合います。
また山菜はよく合います。ふきのとうの天ぷらや筍と合わせると美味しいですね。

鶴齢（純米無濾過生原酒・山田錦 55％）とエビ、イカ、貝のオリーブオイル和えのマリアージュ

鶴齢（かくれい）　青木酒造株式会社
〒 949-6408 新潟県南魚沼市塩沢 1214
TEL 025-782-0023　FAX 025-782-9758　http://www.kakurei.co.jp/

不老泉（ふろうせん）

「不老泉」は滋賀県高島市の酒です。

真菜板に置いているのは山廃純米吟醸無濾過生原酒の山田錦と雄町の二種類です。どちらも蔵付きの天然乳酸、天然酵母の山廃造りです。冷やでも美味しいですが、燗が素晴らしいです。

酒だけで飲むと、味に甘みを感じます。でも甘ったるくない。これは天然酵母による酸の強さ、天然乳酸によるまろやかさによるものです。香りは熟成によるカラメルの感じ、木のような香ばしい香りもあります。それが合わさるとミルクキャラメル、ミルクコーヒーのような印象があります。

はじめての人にはこんな酒があるのかとショックをあたえる酒です。

蔵は琵琶湖の近くです。昔から流通も交通も栄えていたところで、酒も飲まれていました。旨みを出した個性豊かな酒が多いところです。

蔵の近くには山もあり、不老泉の水は軟水です。軟水だとやさしいタイプの酒が造りやすいのですが、保存食も多い地域性に合わせて、しっかりした強い濃醇旨口系の地酒を造っています。

あえて軟水で山廃を造っているのは不老泉のおもしろさです。純米ではなく、米を磨いた純米吟醸で出す理由を尋ねると、水のきれいさを生かして、冷やでも飲めて熟成にも向く、きめ細かさを出したいとのことでした。山廃造りなのにあそこまできれいになることをわかって造っているんです。

乳酸も酵母もすべて蔵付きで、そのうえ発酵日数を長くしているので、非常にきめ細かい酒ができるわ

不老泉（純米吟醸無濾過生原酒・雄町山廃 55%）と地豚にんにく味噌バターのマリアージュ

不老泉（ふろうせん）　上原酒造株式会社
〒 520-1512 滋賀県高島市新旭町太田 1524　TEL 0740-25-2075
FAX 0740-25-5463　http://www.ex.biwa.ne.jp/~furo-sen/

けですね。

しぼり方も、昔ながらの貴重な「木槽天秤しぼり」をやっています。木の天秤を使って、重しをかけてしぼります。天秤や重りの位置を変え、力の加減をしていくと、ゆっくりちょろちょろちょろと酒が出てきます。実際に見てみると、原始的ですが理にかなっている。昔の人の知恵を感じます。

提供する側からすると、語りたいところがたくさんある、語れる酒です。

不老泉のマリアージュ

料理は、肉、チーズ、川の魚、佃煮、あるいはなれ鮨などの発酵食品に合います。山廃は強いですから、鶏、鴨にもぴったり合います。山田錦の山廃に合わせる料理だと、鯨をバター塩こしょうで焼いたものに合わせても美味しそうです。料理人にとっても合わせやすい酒です。

冷やと燗ではまた合う料理が変わります。冷やだとフレッシュさ、きれいさがありますし、燗をすると濃淳な旨味があります。鶏の唐揚げと燗酒は合います。しっかり、こってりした料理にはよく合います。

● ● ● 十旭日（じゅうじあさひ）

「十旭日」は、島根県の出雲の酒です。

真菜板に置いているのは純米吟醸無濾過生原酒・改良雄町です。二年から三年熟成です。冷やでも、燗でも美味しいです。

酒だけで飲むと、きれいな甘みと厚い旨みがあります。不思議な酒で、やさしいけどしっかりしていて、すっきりだけど旨みがあり、熟成感があるけど若々しい、というように相反するものが同居しています。スパイシーな感じもあります。

酵母は島根K-1酵母を使っています。

水はやさしい軟水ですから酒質もやさしくきれいなのですが、強さと旨みをしっかり出しています。たいへん人気のある酒です。

寺田幸一さん、栄里子さんの若い夫婦が一緒にこだわって造っている小さな蔵です。地元を大事にしている蔵でもあります。商店街のど真ん中にあるめずらしい蔵ですが、過疎化が進む地元のために、町おこしを酒蔵を中心にしたいと、県外の人を呼び寄せる催し物をやったり、積極的に活動しています。

改良雄町の酒も精米歩合を変えて造っています。基本は六〇%の純米吟醸です。しぼり方に袋づりも採用しています。

新酒はさわやかなフレッシュさ、きれいさがありますが、熟成、燗でさらに映える酒です。蔵もあえて熟成してから出しています。熟成すればするほど魅力が出てくる酒です。熟成させたら燗の方が向きます。最高の食中酒です。

生酛造りへの挑戦

また、速醸酛だけでなく、生酛（きもと）造りにも挑戦しています。完全発酵させてキレを良くして、しっかりしていて、きれいな旨みを残している酒です。

栄里子さんの生酛を造りたいとの思いで六年前から手がけました。生酛はやっぱり強い。乳酸も発酵酵母も蔵付き酵母だからさらに強さがでます。

生酛には独特のくせがあり、難しいところもありますが、熟成させた方が美味い。お店にある酒は三年寝かせたものです。それを燗にすると、やさしさが強調されてより美味しくなるのです。

燗が冷めると、生酛・山廃独特の香りが飛び、旨みだけ残ります。フルーツが熟成したような熟成の香りも出て、バランスも整い、より美味しくなるのです。

＋旭日のマリアージュ

料理は、刺身の場合、白身ではなく青魚などが美味しいです。酒質がしっかりしているので、脂の乗った魚、個性的な貝類など、しっかりした魚介に合わせやすい。特に魚卵との組み合わせは格別です。真菜板のメニューでは、発酵バターで炒めた「明太焼きソーメン」は合います。うなぎの白焼きも美味しい。塩とうなぎの脂が＋旭日に合います。鯨を塩焼きや味噌焼きにするとこれも絶品です。鯨ベーコンも＋旭

＋旭日（純米吟醸無濾過生原酒・改良雄町60%）とイカ、明太、千寿ネギの発酵バター炒めのマリアージュ

＋旭日（じゅうじあさひ）　旭日酒造有限会社

〒693-0001 島根県出雲市今市町662　TEL 0853-21-0039

FAX 0853-21-3216　http://www.jujiasahi.co.jp/

日は得意としています。

酸もあるので、熟成させたらエビチリといった中華や、クリーミーなチーズ、発酵食品、珍味も合います。

特筆すべきは、＋旭日とスパイスの相性です。コショウとも合いますし、山椒とも合います。山椒を振ったうなぎ、麻婆豆腐にも合います。酸がすっとキレて、旨みがしっかりあるため、酸がとがらない。それが濃い味の料理とよく合います。いろんな要素を持っているので、合う幅が広いです。

旭若松（あさひわかまつ）

「旭若松」は徳島県那賀町の酒です。

真菜板に置いているのは純米無濾過生原酒・雄町です。常温で保存し、燗でお出ししています。酒だけで飲むと、不思議なのですが、柑橘系の感じがあります。熟成しているので、色がついていて、熟成の香りもあります。みりんの感じ、余韻には中華系のスパイスの感じがある。紹興酒らしさもあります。燗をすると甘さとふくらみが顔を出します。度数が高く、フルボディの酒ではありますが、そんなに重さや飲みにくさは感じさせません。

ちょっと変わった飲み方ですが、柑橘系の風味があるので、徳島名産のすだちをしぼったロックもたまらない一品です。

日本で一番じゃないかというぐらいの小さな蔵が造る、非常に個性豊かな酒です。

米は雄町で掛米は七〇％の低精白にしています。酵母は一〇号酵母と特殊です。とにかく旨みを大事にした造りです。

酒だけだと個性が強すぎるので、食べ物に合わせた方がいいです。合わせ方が難しい酒ですが、合ったときの素晴らしさは他の酒では代えられないものがあります。

旭若松のマリアージュ

　甘みも旨みもあるので、とがったものをまろやかにします。なので、濃い味、しかも個性を持った料理との組み合わせが冴えます。辛くて、甘くて、酸っぱい八丁味噌を使ったビーフシチューが非常に美味しい組み合わせです。他にも、地豚のにんにく味噌バター炒め、鯉こくなど、酒と釣り合う個性があると美味い。魚でも肉でも味噌漬け、粕漬けといった発酵食品、保存食品が美味しく、甘露煮などの煮魚もよく合います。

　中華にも合います。辛い料理や甘酸っぱい料理が得意です。麻婆茄子、麻婆豆腐、酢豚、黒酢を使ったあんかけなど、辛さを抑え、酸っぱさをまろやかにして、味のバランスをよくしてくれる。調味料の働きをしてくれます。酒が料理に合わせにいくような感じです。

旭若松（純米無濾過生原酒・雄町（麹米 65%（徳島産）掛米 70%（岡山産））と八丁味噌のビーフシチューのマリアージュ

旭若松（あさひわかまつ）　那賀酒造有限会社
〒 771-5201 徳島県那賀郡那賀町和食字町 35
TEL 0884-62-2003　FAX 0884-62-2762

●●●酉右衛門（よえもん）

「酉右衛門」は岩手県の花巻の酒です。

真菜板に置いているのは純米無濾過生原酒の山田錦と雄町です。いずれも精米歩合七〇％と低精白です。冷やもいいですが、燗でお出しすることが多いです。

封を開けたてのときにはガスっぽさがあります。またメロンのようなフルーティーな香りがあります。甘みがありますが、酸も高いので甘みを切っています。ガスっぽさが抜けるとりんごのような印象が出てきます。燗をするとシナモンのような感じも出てきます。

とても小さな蔵で造っています。酵母は七号酵母を使っています。酸の高さと、さわやかな甘みと旨みが特徴です。きれいさの中に個性的な強さと旨みがある。低精白の良さを生かした造りですね。

山田錦と雄町ではまったく違います。山田錦は徳島県産の阿波山田錦を使っています。これは酸も強くてパワフルな酒です。一口含むと辛くて、酸がちょっと立っていますが、飲んだあとに甘さと旨さがわっと広がって上昇してくる。これが熟成してくると、さらにバランスがとれて、まろやかになり、香りも出てやさしくなります。雄町はもう少しやさしい酒になります。

新酒だとやや強くて飲みにくい感もありますが、蔵はわかっているので、一年蔵で寝かして出しています。熟成した方が、旨みが乗って飲みやすくなります。

酔右衛門（純米無濾過生原酒・阿波山田錦 70%）とザーサイ鶏ササミネギサラダのマリアージュ

酔右衛門（よえもん）　合資会社川村酒造店

〒028-3101 岩手県花巻市石鳥谷町好地 12-132　TEL 0198-45-2226

FAX 0198-45-6005　http://homepage1.nifty.com/nanbuzeki/

酔右衛門のマリアージュ

牡蠣やホヤの塩辛、いぶりがっこ、旨みがぎゅっと詰まったえいひれなどと合わせると美味しいですね。珍味の塩辛さが、酒の甘さで充実した美味しさに変わります。ザーサイのしょっぱさと合わせるのも魅力的です。漬け物や粕漬け、皮鯨の味噌漬けなど保存食系も合います。

酒に力があるので鶏肉にも合います。あと、川魚も得意です。焼いでも甘辛い佃煮にしても美味しい。ネギのようなくせのある野菜や、筍といった山のもの、特に天ぷらにすると、野菜との相性がぐっと上がります。

山田錦の方は強いですし、熟成するとやさしい甘さとまろやかさが出てきますから、牛肉ジャーキーなんかでも合ってきます。あとはくせっぽいスモークチーズも合いそうですね。

●●● 長珍（ちょうちん）

「長珍」は愛知県津島市の酒です。

真菜板に置いているのは、麹米が兵庫県産山田錦の精米歩合五〇％、掛米が八反錦の精米歩合五五％で、五〇五五と言われている純米吟醸無濾過生原酒です。あとは阿波山田錦の精米歩合六五％の純米無濾過生原酒もあります。いずれも冷やが美味しい酒ですね。熟成するとぬる燗も良いです。

酒を一口含むと青っぽいフルーツの香りが広がります。酸もあって、辛さもあるのに、旨味もしっかりあることでバランスが取れています。いろんな要素がありつつ、溶け合い、まとまっていて、なめらかさもあります。にぎやかでおもしろい酒です。

度数が高いですが、この度数の強さが出ていることでまとまっているのではないかと思います。醪日数三〇日ですから、かなり発酵日数は長いです。酵母は九号を使っています。

五〇五五の造りは純米吟醸の造りです。米を磨いているので、芳醇というよりは、淡麗旨口です。冷やして、酒の旨みやバランスを味わうのが楽しい酒です。

純米酒に力を入れるようになり、酒のバランスがすごく良くなり、しっかりした酒を造るようになりました。

やさしさもあり、お店に来た人はみなこぞって美味しいと言います。バランスが良く新酒から飲めます。

長珍のマリアージュ

長珍はおもしろいのですが、わさびに合うんです。鶏ささみわさび醤油なんかはいいですね。できればいいわさびを使ったものがいいです。わさびのピリ辛のあとの甘さ、それに酒が絶妙にマッチします。わさび漬けに合わせてもとても合いました。ぴりぴりとしたところにちょっと甘さがあり、酸もありますからね。かまぼこにわさびなどもお気に入りです。アボカド、たこの生わさび和えもいいです。

魚では、刺身よりも、脂の乗った金目鯛のしゃぶしゃぶが素晴らしいです。カルパッチョも美味しい。肉だとあっさりしたもの、魚だと味がしっかりしたものに合うんです。なので皮くじらの味噌漬は得意です。

フィラデルフィアやモッツァレラなど、クリーミーなチーズにも合います。また、乳酸発酵のすぐき漬けにも合います。

長珍（純米吟醸無濾過生原酒・山田錦 50％）と皮くじらの味噌漬けのマリアージュ

長珍（ちょうちん）　長珍酒造株式会社
〒496-0805 愛知県津島市本町 3-62
TEL 0567-26-3319　FAX 0567-26-3460

第六章

日本酒とともに歩んだ人生

ここでは、私のこれまでの歩みを振り返ってみたいと思います。

喫茶店から不動産業へ

私は一九四二年に生まれ、幼少期は名古屋で育ちました。県立熱田高校を卒業して、明治大学に進学してはじめて東京にやってきました。大学を卒業後、小さなポリエチエンフィルムの会社に就職が決まりました。でも、内定者研修を受けているうちから会社勤めは合わないと感じるようになり、入社して四月には会社を辞めてしまったんです。

当時、結婚前の征子の父親が喫茶店を所有していました。時代的には、喫茶と洋酒の店がはやっていました。実はこのころ私は、日本酒はあまり好きではなかった。洋酒の方がおしゃれに感じていました。サントリーバー、ニッカバー、マンモスバーなどがにぎわっていたころだったんです。これははやるなと思い、新宿の西口にあった東京バーテンダースクールに入って修業したんです。ここで、コーヒーから洋酒まで学びました。

バーテンダースクールを卒業して、征子の父親の喫茶店を買い取る形で二人で店をはじめました。練馬駅前の一等地だったので、昼間は会社勤めの人たちがたくさん来ました。コーヒー七〇円、ラーメン七〇円、ハイボール七〇円、定食七〇円という時代です。

結婚したのは店をはじめた年の一二月です。クリスマスで喫茶店の忙しいときでした。

店はいつもいっぱいで繁盛し、家には寝に帰るだけのふらふらの状態でした。そんなときに子どもできて。子育ては征子にまかせざるを得なくなりました。喫茶店は七年やりました。

喫茶店をやったあとは、意外に思われるでしょうが、不動産業をやることになりました。征子の父親は建設会社を経営していたのですが、入院してできなくなり、手伝えと言われたのです。

覚悟を決めて、宅建の免許をえいやと一ヶ月で取ったものの、征子の父が亡くなり、会社をたたむことになったんです。じゃあ私は外で不動産をやってみようと、当時三鷹にあった不動産会社に入ったんです。

当時、一番きびしい、泣く子も黙ると言われたバリバリの建て売り住宅の販売業者。私はやりだしたら止まらない方だから、徹底的にやりました。営業成績も良く、かせげるようにもなってきました。やがて、別の不動産会社に好待遇で引き抜かれました。でも、夜も遅く、経済的には豊かでしたが、生活や家庭はおろそかになって。通勤途中に居眠り運転で事故を起こしたりもしたんです。

そんなときに女房に不動産から足を洗ったら？　と言われたんです。それもそうかなと思い、辞めることにしました。不動産をやったのは七年です。

うどん屋をはじめる

辞めたあと、何をやるか考えました。不動産会社のときに、中央線、西武線、小田急線、国分寺線あたりがテリトリーで、特に西武線沿線を開拓していました。そこに車で通う途中、東村山に美味しいうどん屋をみつけたんです。武蔵野うどんの「きくや」という店です。半年ぐらいほぼ毎日通っていたのですが、まったくあきない。

これだと思いました。手に職つけようと。うどんをやろうと。

その店に知人を介して弟子入りを頼みましたが、断られました。何度頼んでも断られつづけ、「店をやるから」と言っても断られていたんです。「よし、この親父を説得するにはもう店を持つしかない」と思って、ひばりヶ丘に先に店舗を借りたんです。そして親父さんに、「店舗を借りてしまったので、修業させてください」とお願いしました。さすがに親父さんも驚いて、修業を受け入れてくれました。開店のときには手伝いにも来てくれました。人を説得するのは情熱だなと思いました。

ひばりヶ丘のうどん屋は二年やりました。手打ちうどんがメインでしたが、定食や料理もやっていました。酒も何種類かあつかっていました。

味里のはじまり——甲州屋・児玉光久さん

うどん屋に私の父がよく飲みに来ました。父は日本酒好きでした。

私が燗酒が好きなのは、父親の影響があるかもしれません。私の父親は日本酒を燗で飲んでいました。父親のところに行くと、からだにやさしくなるからといつも燗をして飲んでいました。父親は珍味が好きで、それにあわせて燗酒で飲んでいました。珍味は熟成し、発酵してくせが強いから、燗酒に合うんです。父は飲みに来ると、普段無口なのに、飲むと楽しくなって、となりの若いお客さんとおしゃべりをはじめる。若い女性相手に、お説教などはせず、昔のおもしろい話をして。お客さんも連れてきてくれました。当時、父は池袋の旅館で番頭をやっていました。豊島公会堂の真裏にある二階建ての黒塀の旅館でした。それを建て直してビルにすることになり、その一階で店をやらないかという話が来たんです。それで開いたのが居酒屋「味里」です。一九八二年のことです。

その旅館の近くに「甲州屋酒店」という酒屋がありました。店主は児玉光久さん。甲州屋といっても山梨の人じゃなく、東京の人です。父と児玉さんは飲み友達だったんです。児玉さんは私より二つ年下でしたから、親子ほど年が離れた友達ですね。児玉さんと知り合ったのは一九八一年の春、味里開店の半年前でした。

児玉さんは本当に日本酒が好きで、日本酒にのめり込み、全国からいろんな酒を集めていました。甲州屋は、よい酒を広めるために酒の全国会をつくっていました。音頭を取って最大二四の酒屋をまとめ、酒の交換会をしていました。「草の根運動」というのをやっていました。いい酒が広まらないから、「売れない酒は社会の迷惑だ」なんて標語までつくっていたほどです。実際、当時、誰も知らない酒が多

く、ほとんど売れなかったようです。
ガリ版刷りで、地酒かわら版を出していました。自分のコメントも入れて、そのかわら版を、得意先の何十件といった料飲店や、お店のお客さんに配っていました。私も手伝い、地酒かわら版から少しずつ日本酒が広まっていったんです。
詩も書くような人で、種田山頭火が好きでした。山頭火は酒飲みで酒の句も多く、私も好きです。
児玉さんの日本酒に対する考え方、ポリシー、情熱に触れ、彼は先見の明があると思っていました。そして、児玉さんと日本酒について勉強するようになりました。児玉さんは燗酒が好きだったので、燗酒もたくさんためしました。児玉さんは熟成して旨い酒が燗にも向くのだと言っていて、あえて常温で置いて確かめたりもしていました。いろんな酒をいろんな燗にしてみて、自分の体験から燗を勉強しました。私の燗酒歴はこのころからで、もう三四年になります。

味里と甲州屋

その甲州屋が味里に賭けたんです。味里を甲州屋があつかう酒を出す店にしようと。「死なばもろとも」とまで言われました。当時から一〇〇銘柄以上の酒をあつかっていました。管理もたいへんでした。

当時、居酒屋の客単価が平均三〇〇〇円くらいのときに、「三〇〇〇円じゃやっていけないから五〇〇〇円にしてください」と言われました。「五〇〇〇円でお客さんが来るかな」と言うと、「来ます、絶対に来ます。そういう酒だから」と。酒屋としての賭けでした。少しあとで知ったのですが、児玉さんはこのころ苦労のわりには儲からないとなげいていたそうです。

でも私は、最初は安くやろうと思っていました。甲州屋にはあちこちから集められた酒があるし、もらった酒は全部タダで飲ましちゃえと。自分のところで売る酒は、開店一ヶ月ぐらいは半額で、原価でいいやということではじめたんです。

地酒居酒屋のさきがけ、味里

味里を開店すると、やがて多くの人が来るようになりました。

本当に全国からいろんな人が来ました。広い店だったから酒の会をやってくれという申し込みもたくさん来たので、一ヶ月に一回、酒の会をやろうじゃないかと、はじめました。ちょうど地酒の走りのころで、そんなことをやる店はありませんでした。

甲州屋は古くからある酒屋なので、いろんな酒が来ます。「こんな酒があるの?」と驚く酒も来ました。「磯自慢」「越乃寒梅」「八海山」「神亀」「天狗舞」「菊姫」「大七」「立山」「〆張鶴」「諏訪泉」などです。他は無名の蔵の酒がほとんどでした。

これらの酒が広まって雑誌の取材も味里にたくさん来るようになりました。評論家が書いたものが雑誌に載って全国に伝わり、さらに全国からいろいろな人がたずねて来ました。

蔵元さんも来ました。蔵元さんは遅くなると店の座敷に泊まっていきました。布団や毛布を用意しました。

私は「これはチャンスだ」と思いました。こっちはこれまで手打ちうどん屋だったので、そのときは酒のことは知りませんでした。だから酔っ払わせて話を聞き出した。そうして、教えてもらうにつれて、ますます、この酒は絶対に売れるし、売りたい酒だし、飲ませたいし、儲かる酒だと思うようになったんです。

酒がどんどん集まってきた

当時、圧倒的に多いのはアル添酒でしたが、諏訪泉などは純米酒も持ってきました。

蔵元さんは、お店に置いてもらえれば何でも売ってくれると思って、かたっぱしから全部持ってくるのです。大吟醸も当時は注目されていませんでしたが店に持ち込まれました。その中に純米酒もあったのです。

最初、お店で扱う酒の種類は、一〇〇銘柄にしようと思っていたのですが、すぐに二〇〇銘柄になりました。

自分しか酒のことは把握できないし、冷蔵庫も増えてしまいますから、さすがにこれは無理だなと思って一〇〇銘柄に戻して、七〇銘柄を固定にしました。そして、三〇銘柄は遊びの季節商品や、少しずつ入れ替わる入替商品にしたのです。三〇銘柄の中でも固定に昇格させるなど、調整しました。

持ってくる人は酒を知らしめたいので、何とか固定銘柄にしてほしいと思うわけですね。そうすると持って来られる酒が増えていくのです。

夜はどうしても遅くなります。固定客が増え、蔵元さんも来ます。私も夜に蔵元さんから話を聞こうと思っています。一一時に営業が終わるのが、一二時一時二時になり、蔵元さんが泊まれば朝になってしまいます。

最初は昼も営業して定食やうどんも出していましたが、開店一年ぐらいで定食やめ、それから半年ぐらいでうどんもやめてしまいました。無理だったのです。私はやりたかったのですが、周りから「夜遅いのに朝うどん打つなんて無理だよ」と止められました。でも、だから続いたと思います。休みは日曜日だけで、その休みの日も酒の会に出たりしてましたからまったく休めなかったのです。

甲州屋のあつかう酒はどんどん広まりました。最終的に甲州屋が取引する店は、池袋を中心に一〇〇軒を超えました。

そんなときに驚きの知らせが入ってきました。児玉さんがガンで亡くなったんです。心配はしていたのですが、四一歳、厄年でした。一九八六年のことです。

甲州屋の児玉さんが亡くなって一年経ったとき、夏子の酒で話題になった清泉の久須美記廸（くすみのりみち）専務がお店にやってきて、神亀の蔵に見学に行きたいとおっしゃったので、数人で日曜日に行きました。たまたまこの日は神亀の蔵に何十人も集まっていて、ちょうど亡くなって一年だったこともあって、急遽「児玉光久を偲ぶ会」をやることになりました。蔵の表に「甲州屋を偲ぶ会・一周忌」と書いて貼り付けて一緒に酒

を飲んだんです。手打ちうどんも持って行きました。楽しさと悲しさと将来のこととで時間を忘れてしまいました。

スタッフのこと

当時、征子は中で板前と一緒に料理をつくっていました。学生アルバイトは一二人いて常時六人入っていました。バイトは主に週三日交代制です。そうしないと長期に試験の時とか休めず対応が効かないので、バイトの子たちに自分たちで組み合わせを考え、常時最低五人はいるようにしてくださいとお願いしていました。バイトに出られなくなったらすぐ連絡を取り、調整してくださいと。

三四年前の当時で時給九〇〇円から一〇〇〇円ですから、かなり高かった。それだけ忙しかったのと、やっぱり誇りを持ってもらおうと思ったのです。いい酒をあつかっているからお客さんが来てくれるんだよと。

お店が終わってから、二十歳過ぎの人には飲ませてあげたりしました。美味しい美味しいといって、飲み過ぎて酔っ払う人もいました。でもこれは酔っ払うための酒じゃないよと言ったりして。

そんなふうにして、自分たちが働いている場所と、出している酒を知って、これを求めてお客さんが来てくれているのだとわかってもらうことが、大事だなと思っていたのです。

お客さんにも、私は燗酒が好きなので、「この燗酒を飲んでみてください」と出したりしていました。古酒の燗酒などは、当時のお客さんは知らないわけです。そこに、「これ、新しく出たんだけど」「何年古酒なんだけど」「これは貯蔵させた酒」「これは一〇年貯蔵させた酒」と言い、「これ何に合うと思う?」と言いながら飲んでもらうわけです。お客さんも「合う! 合う合う!」と大喜びで。

それをずっとやりつづけてきたわけですね。お客さんはよく言っていました。

「あそこのお店に行くと帰してもらえないんだよ」「いつも出口で止められて、そこから三〇分、一時間と帰してくれないんだよ」

これが楽しくて。いまも変わりませんね。

日本酒の走りのころだから、お店は日に日に繁盛しました。いろいろな蔵元さんと知り合いになりました。当初は土曜日は閉店後、朝まで酒討論です。たくさんの酒とも出会いました。

飲んだ酒は、数え切れません。それこそ千以上の蔵の酒の、何万種類を飲んだかというくらいで、そのためにもずいぶん投資しました。あちこちで飲み、あらゆる酒の会に行っていました。当時はまだ元気で、酒を飲んでも強かった。

また一九九〇年ごろ、まだ東京都北区滝野川に醸造試験場があったとき、二日間の講習会に行ったこともありました。午前中は講習で知識を学び、午後は唎き酒などの実習でした。そこで、熟成、燗あがり、マリアージュなどの考え方を聞いたんです。これはそのときに私が目指していたことそのものでした。ここで学んだことはとても参考になりましたし、自分の考えている方向がまちがっていないんだと自信にもなりました。

食と合わせる

味里には有名な人がたくさん来ました。皆、日本酒愛の強い人たちです。田崎真也さんなどのワインソムリエや、小桧山俊さん、篠田次郎さん、尾瀬あきらさん、高瀬斉さん、太田和彦さん、藤田千恵子さん、松崎晴雄さん、山同敦子さん、ジョン・ゴントナーさん、古川修（よしみ）さん、葉石かおりさんなど、いろんな方が来ていました。取材など、出版関係の人たちも増えていきました。

飲食店の人たちや、そののち有名になった店の人たちもたくさん来ました。料理との合わせ方を知ると、肉やチーズに日本酒を合わせる店が増え、フレンチ、イタリアンのお店でも日本酒を合わせるところが出て来ました。

日本酒と食を合わせる文化がまったく欠落しているのはもともと感じていました。だからこそ、味里ではチーズ料理や肉料理を出すようにしたのです。揚げ物、角煮といった料理を、店が始まった当初から熟成酒の燗に合わせて楽しんでもらっていました。

本間さんとの出会い

本間冨次男さんとの出会いはだいたい一九九四年ごろです。本間さんは笹塚でマルセウ本間商店という酒屋をやっています。その本間さんと本間さんのお客さんが味里ではじめたのが古酒宴会でした。本間さんやお客さんが古酒を持ちより、私も自家熟成酒を持ち出し、料理と合わせる。まさに日本酒マリアージュのはじまりでした。特にフレンチ、イタリアン、中華料理とのマリアージュは好評でした。

本間さんは目が利くので、古酒をたくさんあつめていたのですが、ただこのころは知られていなくて古酒は売れなかったんです。理解する愛好家もたくさんいましたが、在庫もたくさんかかえていました。それがのちには財産になったのですが、そこは甲州屋と似ていると思います。

だから、私は手造りで造っている本物の酒をもっと広めなくちゃと決心したんです。

味里のおわり

味里は宴会が多く、予約で三〇人、四〇人と入っていたのはざらで、貸し切りもありました。

人数が多くなると、料理もあらかじめセットする必要があります。準備が大変で、そうしているうちに自分のやっていることがわからなくなってきた。私は酒のお客さんを増やしたい、もっと本当に酒のわかる人を増やしたいと考えていましたから。徐々にフラストレーションも増してきました。

それに、多種多様な日本酒と出会い、自分も酒がわかってくるうちに、人気銘柄や大吟醸酒ばかりを追い求めている日本酒業界の風潮にジレンマを強く感じはじめるようになりました。

そして今後、自分はどのような方向に進んでいくべきなのかを考えはじめるようになりました。自分の中で酒を選ぶようにもなってきました。数をそろえればいいというものではない。中身で選んでいかなきゃいけないと考えるようになりました。

そのときに自分が求めていたものは、手造りで、かぎりなく自然の造りを生かしたいかにも地酒らしい究極の日本酒でした。熟成に向く酒、燗に向く酒、あるいは純米酒にこだわりをもって出したい。そう思うようになりました。これは私が燗酒が好きだったこともあります。

大吟醸の時代は続かないのはわかっていました。バブルがはじけ、こんな高い酒が売れ続けるはずはないだろうと。お金持ちのお客さんが多かったから売れてはいました。大吟醸をボトルキープしていたくらいです。一本、二万円、三万円、仕入れで一升一万円以上です。

バブルは派手な時代でしたね。「この酒を売ってください」と言われたこともあり、「うちは酒屋じゃないから売れません」と断りますが、「ボトルキープして持って帰るのはいいですか」などと言われて、持って帰ってしまいました。そういう時代でした。医者、弁護士、大学教授などがお客さんでしたから。

バブルは明らかに異常で続くわけがないと思っていました。証券会社、銀行もいいかげんで、金貸すから店を増やしなさいと気楽に勧められたりしました。

そういった時代への距離感もあり、私は自分が求めてるのはこれじゃないなと思うようになったんです。うちの女房もこういう商売の仕方はよくないし、合わないと言いました。そこそこ金は儲かるけど、そのために振り回されるような商売なんてらしくない。バブルもはじけてきたし、時代が変わってくるころだろうし、転機かなと思ったのです。

真菜板のはじまり

味里は一七年やりました。歳もとってきたし、若くてやりたい人にお店をゆずって、あとを引き継いで

やってもらおう、そして自分たちが二人でできる新しい店をやりたいと。一九九八年のことです。五五歳のときです。

私は大学生のときに、高田馬場に住んでいました。征子も大学生のころは落合に住んでいました。二人ともなじみ深いし、神田川もあり、環境も静かで、新宿と池袋の谷間にあり、駅から歩くのもなんとなく学生気分でいいなと思ったんです。

いろいろ探していたら、ちょうどスナックが何ヶ月か前にやめて空いている物件があって、見に行ってみたのです。そのまま使えないから改装しないといけませんが、一〇人は入れるかなと判断して、設計技師をしている兄に「こうやれば全部収まるよ」と図面設計してもらいました。それで決めて改装して、店

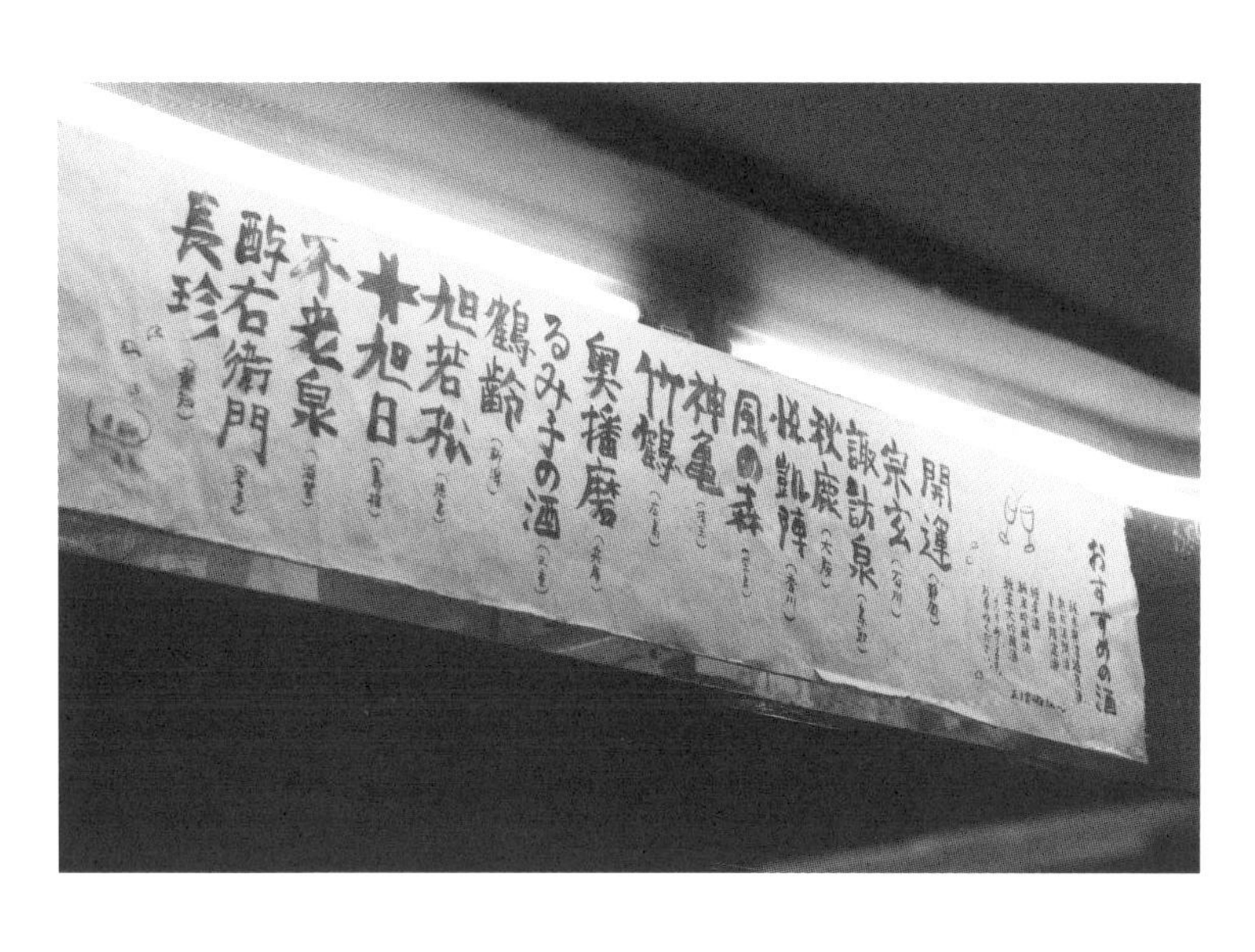

をつくったんです。

「よし、ここで腰を落ち着けて徹底的にこだわってやろう」と気持ちも新たに思いました。

味里であつかっていた当時有名だった酒はほとんどやめました。味里から残っている酒は、諏訪泉、神亀、開運ぐらいです。

全部、純米無濾過生原酒にしたんです。造りの基本。究極の造りの純米酒。これに個性のある料理を合わせようと。日本酒のマリアージュです。ワインに負けないマリアージュだろうと。

酒は本間さんにおねがいしました。本間ワールドの酒、本間バージョンの酒に全部変えて、一蓮托生のような気持でした。

批判されようが、何を言われようが、自分の信念でそうする。蔵も客も、長い目で見ればわかってもらえるだろう。

そうして誕生したのが真菜板です。

松尾佳哲（よしのり）さんとの出会いもありました。彼は店をはじめたばかりのころから来てくれました。松尾さんは洋酒の専門家で、ワインもチーズもプロとしてとても詳しかった。意気投合すると、彼はワインに合うようなつまみをたくさん持ってきてくれた。「よしっ」とそれに日本酒を合わせる。そして彼は日本酒のマリアージュの世界を認めてくれたのです。

ワインに触発されたのは間違いありません。ワインがあれだけ食中酒として文化になっているのに、なぜ日本酒はあまりにもさびしすぎるのか。「刺身にしか合わない日本酒」というイメージばかり。同じ醸造酒なのに、こんなに素晴らしい個性を持った日本酒があるのに、なぜ料理に合わせようとしないのだろうと思ったのです。じゃあ、それを自分でやってやろうと。

真菜板では、本間さんとタッグを組み、究極の手造りの純米無濾過生原酒という本物の酒を広めていこう、認知させていこうと。

酒屋は酒を売る商売で、私は料理と酒を売る商売です。料理と酒をセットにする役目は、私だろうと思ったのです。

そうして、今まで真菜板は続いています。

真菜板の料理 ●●● 杉田征子

料理は、いい出汁さえしっかり取れていれば大丈夫です。出汁は、昆布と、それから厚くて大きい厚削り本節を使っています。それを三〇分ぐらいかけて出汁を取っています。

鶏を使うときは、地鶏のガラを三〇分から一時間ぐらいかけ煮出します。鶏ガラスープって美味しいですよね。出汁は今この二つでやっています。

私は味付けでは塩こしょうといったシンプルなものが好きです。醤油は薄口醤油。醤油味にするときは、薄口醤油と純米酒くらいしか使いません。みりんを使うのは魚を煮るときだけ。

炒めものに使う調味料は、塩こしょうぐらい。野菜は何もしなくても甘いものだからちょっと塩かけるとかで十分。半分生のままで止めて、水っぽくぐちゃぐちゃにならないように、素材を生かすようにしています。

世の中に出てるものは、今、なんでも味が濃いけれど、食べていてきつくなりますから。

魚は、知り合いの築地の仲卸さんから取っています。私たちの言うことも聞いてくれて全国のいい魚を持ってきてくれる。安くて物がいい。

肉や野菜も全国から取り寄せています。

砂糖はてんさい糖を使っています。私は甘いのは苦手なので、出汁と材料で出る甘みで充分かなと思います。

調理酒は店で出している純米酒。野菜料理、肉料理で使い分けています。ぜいたくですけど、変なみりんを使うよりだんぜん美味しい。

チーズや発酵バター、ワインビネガーやオリーブオイル等は、松尾さんが問屋から入れてくれます。普通、私たちのような仕入れ先はもっと仕入れ値が高いのですが、すごく得しています。

考えてみると、私たちは恵まれていますね。

メニューは、たとえば鮭の塩焼きだけメニューに載せていたら、塩焼きの注文がないと無駄になるので、お客さんの好みに合わせていろいろメニューを考えて使い道を決めています。そうすると、いろんな方向で材料を使えるので、捌けるのは早くなりますね。だから、特別に意識して材料をいろんな種類取ってるわけじゃないんですよ。

私は昔からチーズが好きなので、グラタンは必須です。チーズを乗せて焼くと、美味しくなります。みんなが思うほどグラタンは難しくないんですよ。美味しいチーズと生クリームを使う。それだけで十分おいしくなります。チーズを乗せて焼くと、満足感がぐっと増えますね。

やっぱりお客さんが帰るときに満足してないと嫌ですね。満足しない顔で帰られると私も楽しくないものです。

だから、常連さんで野菜が好きな人が予約で入っていると、その日に野菜料理を一品入れたりしてます。

若いときはもっとからだが動いたものですが、疲れやすくなっていますね。長くもつようにしたいなと思いますので、最近は、よく寝て休みを取るようにしています。

私は、あまりごちゃごちゃ考えない単純な人間です。

衛保さんはこだわりの人だけど、私はこだわらない。考え方は違うけれど、それはそれでいいのだろうと思っています。

どちらかというと私の方が男っぽいかしら。衛保さんは繊細ですからね。私は繊細でない方かもしれませんが、お客さんを楽しませることは、いろいろ考えていますよ。そうしないとお店に来ても楽しくないでしょう。みなさんの笑顔がやる気になるんですね。

第七章

日本酒の未来

日本酒の輸出

日本酒の未来は、決して暗くはありません。むしろ大いに期待できるものです。けれども、注意深く市場を育てる気持ちでいることが必要です。

ここ最近、日本酒が輸出されるようになり、話題にもなっています。フランスの三つ星レストランにも日本酒が置かれるようになったと聞いた方もいるでしょう。

ただ、外国に輸出されている日本酒は香り系できれい系ばかりです。いわゆる、アペリティフと呼ばれる前菜に合う「食前酒のような酒」がほとんど。こういった酒は味が弱く料理に合いにくいのです。

輸出はいいことではあるのですが、本物の酒が分かる蔵はそのことを嘆いています。

フレンチ、イタリアン、中華は味が濃い料理です。こういった料理に対抗できる、もっとしっかりした酒が輸出されないと意味がない。純米無濾過生原酒こそがまさにそういった酒なのですが、いかんせん生産量が少なく、海外での知名度もありません。管理面でもまだ不安があります。

本物の酒、純米無濾過生原酒を広めたくても、造りが難しく、量産は難しい。蔵も、香り系、きれい系の酒が輸出で売れるとなれば、そういった酒を意識せざるを得なくなる。

酒造組合全体が現状を冷静に判断しなきゃいけないのに、目先のことに流され、焦っている。東京で売れているタイプを造らなければと焦り、輸出するチャンスを逃すなと焦り、完璧な造りを目指さない。長い目で見れば、方向性として正しくありません。

今がよければそれでよしとするのではなく、売れているからこそ先を見越してほしい。日本酒が注目されはじめている今こそ、酒造りを考える絶好のタイミングだと気づいてほしいのです。

熟成酒、燗酒を国に支援してもらいたい

熟成酒、燗酒はしっかりとした料理に合わせられます。日本酒業界がもっと力をつけ、国からの支援も得て、外国に熟成酒を持っていき、燗にして飲ませるぐらいにしていかなければなりません。

国の役人が日本酒の本当の魅力をわかっていれば、支援しようとも思えるのでしょうが、役人がまだわかっていないのです。

国は日本酒を税収の手段として考えています。本物の日本酒を広めることは考えていません。せいぜい輸出して売り上げを伸ばすことぐらいが、国の考えていることです。政治家が自分の地元の酒の輸出に力を入れたり、まともなことだとは思えません。旨みがあって、キレがある本物の日本酒が注目されていない状況は残念です。

ソムリエを引き込んで日本酒を広めよう

日本酒は海外の人にとって珍しいものです。まだ飲んだ経験もないし、わからないことがたくさんあっ

て、興味を惹かれる。だからこそ、日本酒の良さ、造りを理解してもらいやすいタイミングです。

大手の商社では中継ぎにふさわしくないかもしれません。利益を追求するだけの商社だと、有名銘柄を送って「日本で一番売れています」と説明して終わりでしょう。そう言えば売れるでしょうから。しかし、それではワインに負けてしまう。

本物の日本酒を理解している商社が、向こうのソムリエを抱き込んでほしいと思うんです。

ソムリエが、フレンチ、イタリアンに合う日本酒があるとわかれば、創造性をかきたてられて、おもしろいメニューやコースを組めるでしょう。向こうから知りたいという要望も出てくるでしょう。

そこで、本物の日本酒を造っている蔵を紹介して、まとめて酒を送り、ソムリエに選ばせる。それとともに、合わせやすい料理をきちんと説明する。前菜、メインの魚料理、肉料理、チーズ、デザート、いずれも合わせられる日本酒はありますから、向こうも納得するでしょう。

残念ですが、今はまだそこまで到達していません。日本で売れている酒で、かつ量をそれなりに造っているものを送っているだけなんです。

日本で飲まれる酒を造る

ひとつ、輸出に力を入れるようになると、考えが安易になってしまうことを危惧しています。日本で売れないなら輸出すればいい。そういう傾向が今、強くなっています。

日本では売れる量は限られています。消費量が多い時の半分くらいまで減っていますから。だから販路を求めて外国に行こうとなる。

でも本当は日本にこそまだまだ開拓の余地があります。日本人も本物の美味しい酒を知らないんです。日本人は日本酒を近くで買えますから、広めやすいはずなのです。日本の国内で消費されるような美味しい酒を造る。まず、そこからでしょう。

国内消費が少なくなったから、海外に持って行く。珍しいから売れる。売れてきたからといって輸出量を増やしたら、すぐに飽きられて売れなくなってしまう。これは一番やってはいけないことです。

本物の酒を造れば必ず売れます。認められれば次も造ろうという気持ちもわいてくるでしょう。実際、一五年前ぐらいから純米無濾過生原酒の生産量は少しずつ増えてきています。こういう流れの中で、輸出する価値のある日本酒が育ってくるのです。

いい酒米が手に入らない

現在、いい酒米が手に入りにくくなっているという問題もあります。

酒米をつくるのは、飯米と違って手間がかかります。無農薬となればもっとたいへんです。

いい酒米を確保したい蔵は契約栽培もはじめています。契約栽培を農家におねがいする場合は、農家に保証しなければなりません。飯米をつくっているところに酒米を造ってくれとおねがいするわけです。「この何反歩か、酒米をつくってください、金は先に払います、保証します、指導もします」ということでようやく請け負ってもらえる。

飯米より酒米の方が三割から五割、値段が高くなります。さらに買ってもらえる保証があるので、農家の方も一所懸命指導してくれるならつくろうと動いてくれる。自分のところでつくった酒米でできた酒が評価されるわけですから、うれしい気持ちもあるでしょう。

純米酒が売れるようになり、契約栽培の酒米づくりが蔵との連携で増えてきたのです。よく県産米を使えと言われます。県産米は高くありませんし、もちろんよりよい酒米を開発する努力はなされていますが、残念ながらかならずしもいい酒米ばかりではありません。蔵は仕方なく使うこともあります。

いい酒を造るために、いい米をもっとつくれるようにしてほしいのに、国は協力していません。酒を造るときに、水は変えられませんが、米は変えられるのです。だからこそ蔵も米にはこだわり抜きたい。いい米をつくれるならつくりたい、つくってもらいたい。

日本の米づくりは素晴らしい。努力のたまものです。酒米も同じです。適切な指導があれば、農家も努力していい酒米をつくる。安定して米がつくれるようになれば、生産量も増やせる。共同購入もできるようになる。すると、もっと安くなる。

本当は国と酒造組合と一体となってそういう方向に進むようにしていかなければなりません。

愚痴こそ真実

本物の酒を造っている蔵は、とこに愚痴をこぼします。

普段はだまっていますが、真菜板に来て飲むと出て来ます。気心知れていますし、私も理解がありますので、向こうもしゃべりやすいのでしょう。

いい酒を造りつづけている蔵の愚痴こそ、一番信憑性が高い。間違いない現実をとらえている。一番参考になる意見です。矛盾ばっかりの中で、闘っている。闘っているからこそ、それが消費者に理解され、評価されてきているわけです。

鑑評会の問題

鑑評会の問題もあります。春に全国新酒鑑評会があり、入賞酒、金賞酒が決まります。でもこの鑑評会では飲んで美味しい酒が評価されにくいんです。まず鑑評会に出品されるのは大吟醸酒です。そして、鑑評会ではたくさんの利き酒をしなければなりません。飲めば酔ってしまいますから、酒を飲み込まないんです。鑑評会は口に含んだときのきれいさと香りを競うようなものです。

純米酒の部門もありますが、旨みを競うものにはなっていません。私はそこが不満です。純米酒こそ、きれいさではなく、旨みとのバランスを競い、熟成に向くか評価する。だから新酒よりも、半年ぐらい経った秋に競うのがベストだと思います。

そういった事情もあって、新酒鑑評会には反対です。鑑評会は万人受けを目指し、欠点をなくす方向、つまり個性をなくす方向に拍車をかけます。全国一律平均で、何がおもしろいのでしょう。かえって地酒らしさを削いでいませんかと言いたい。

まだ信憑性が高いのは、土地土地の杜氏組合がおこなう自醸酒鑑評会と県の鑑評会です。

とはいえ、純米酒が目指すところは、個性のある本物の造りです。精米歩合が五〇％でも純米酒、八〇％でも純米酒の造りです。一口に純米酒と言っても、きれいさで競うのか、あるいは旨みで競うのか、いろいろありすぎて競えなくなります。そこが、純米酒の幅の広さであり、純米酒の良さなんです。

金賞受賞の酒を確認はしますが、鑑評会に出品しない蔵もありますし、金賞酒でなくても個性のある素晴らしい酒もあります。無理に鑑評会での入賞を目指さなくてもいいのではと思うこともあります。

添加物の矛盾

日本酒は酒造法の基準が甘いです。ごまかしもあり、内部告発がなければわかりません。だから日本酒がだめになっていきました。

これは国の責任でもあり、酒造組合の責任、酒造業界の責任でもあります。国は、発泡酒などでも、売れたら税金を上げることはしますが、質を上げる方に誘導しません。添加物もぎりぎりまで許している。

偽装がばれた蔵もありました。もっときびしさが必要です。造り手の良心も問われます。ちなみに、海外に輸出するに日本酒では、糖やアルコール添加したらリキュールとみなされます。

酒がブレンドされてしまう

小さい蔵では、タンクの中身をそのまま大手に売ることがあります。桶売りと言います。これには税金がかかりません。税金をかけないことで、小さな蔵は資本力がある大手に桶売りしてくださいと国が奨励しているのです。

大きなところは宣伝費もかけていますし、販売力がありますから、自分の蔵で造る以上の酒が必要になります。桶買いをして売っています。

桶買いした酒は、自分のところの酒と混ぜて、ブレンドして売っているのです。

桶売りする蔵は、桶買いする蔵よりいい酒を造っている場合がほとんどです。たとえるならシングルモルトの原酒です。いい酒になって当然です。灘、伏見、東北など、大きい蔵が小さな蔵の酒を買い集めて売っています。それを国が知っていてやらせているわけです。これからは徐々に少なくなっていくと思います。

桶売りを断って、独自の旨い酒を造ろうと、純米酒に力を入れる小さな蔵が、今から十数年前から増えてきたのです。

そこに、上原浩先生の「純米酒宣言」の影響もありました。一五年ぐらい前に純米酒こそ日本酒だと主張されたのです。小さなまじめな蔵は励まされたと思います。

国の機能

国がチェックを入れるのは税に関することだけです。造る前と造ったあとに行きます。今の酒税法は蔵出し税です。酒を蔵から出荷するときに税金がかかります。昔は造石税と行って、米の仕入れ石高によって税金がかかったのですが、一九四四年に課税基準が石高から蔵出し高になり（蔵出し税と言います）、一九五三年に現行の酒税法になりました。造る前と造ったあと、春と秋に税務署が調査に来ます。

酒が在庫に残っていたら、早く売りなさいと迫ります。蔵から出なければ税金が入らないからです。それだけでなく、残っているということは売れないということなんだから、来年の生産量を減らせ、逆に売り切れたら来年は生産量を増やしてもいいと言うのです。熟成のことなんてまったく考えていない。あまりにひどい国の指導ではありませんか。

基準はきびしく

　国は酒造りに関する基準をもっときびしくしてほしい。そうすれば、日本酒は一気に発展します。規制緩和ではありません。規制をきびしくする。

　まず、添加物をすべて開示させる必要があります。飯米は米の種類が表示されるのに、酒米はなぜ表示しなくてもいいのか、疑問が出て当然ですよね。米の種類が表示されれば、この酒は安い米を使っているから安いんだということが分かる。そうすれば、消費者は納得するでしょう。それがいい意味での規制です。日本酒は一切そういう規制をしていない。

　アルコールを添加するにしても、何を蒸留してつくったアルコールなのか、書かなくていいんです。酒税が取れればなんでもいいという世界です。

　そこに規制ができて、醸造して蒸留したアルコールじゃないと添加できないということにはなりました。以前は醸造用のアルコールでしたが、現在は醸造アルコールになりました。アルコールの質が良くなったのです。理想は米アルコールだと思います。

　日本酒級別制度廃止も民間が国を動かしたんです。昔は特級酒、一級酒、二級酒という級別がありました。でもこれは酒税の割合を示すもので、酒の質とは関係なかった。だから廃止されたんです。

　まだまだ動かさなければならないことがたくさんあります。

　マスコミはわかっていてもなかなか書けません。体制批判になってしまいますから。広告料で成り立っていますからね。でも、全体の声があがってくれば抑えようがなくなります。動かすのは大衆です。消費者です。

今、日本酒は、上位五〇社で七〇%ぐらいを占めています。国が大手集中を奨励しているからです。税金が入りますから。だから基準が大手に対して甘く、小さな蔵にはきびしい。

矛盾点がいっぱいあって、まじめな蔵はなげいているわけです。本当はその矛盾を解消するような酒造法をつくらなければなりません。いい酒を造ることに国は力を入れていかなきゃいけない。でも、今はまだそうではありません。

マスコミの罪

東京市場で有名にするのは簡単です。大手酒屋とマスコミ、マスメディアがいっしょになって、バッと取り上げ、テレビにでも出れば、あっという間に有名になります。酒屋も、マスコミも、みんなもうかる。消費者も有名な酒が飲めたと満足する。そういう図式でずっと来ました。有名になるのには話題性が第一で、中身はそこまで関係ありません。

今、純米酒、生酛造り、山廃造り、生酒も少しずつ知られるようになりました。でも、そこにあるのは、純米と書けば売れる、生酛と書けば売れる、生と書けば売れるという、売らんかな精神だけです。生のなんぞやもわかっていない。

だから、大衆を誘導してブームをつくりあげるのはそう難しいことではない。こんなに長く飲まれてきた日本酒の歴史があるのに、まだそんな段階かというさびしさがありますよね。

銘柄だけで選ばれる傾向はやはりまだ強い。銘柄が有名なだけでありがたられてしまう。その酒のどう美味しかったのか、どうやって飲むとよかったのか、どの料理に合ったのか、酒を愛し味わう観点がまったく抜け落ちているのです。

本物の日本酒は繊細で複雑です。香りも旨みも多様です。そこに日本酒の価値があるんです。そんな個性を自分で味わい、自分で判断することが、日本酒を飲む楽しさではないでしょうか。

地酒らしさを大事にする

地酒らしさは、水の特徴、そして、それぞれの蔵が地元の食べ物に合わせて造っていることです。そういった蔵が増えてきました。その地酒らしさをもっと大事にすべきです。

東京で売れやすい個性のない地酒など、地酒じゃないでしょう。それぞれの個性を出した、地元にぴったりの酒を造るから、わかる地元の人からも愛される、それが本来の地酒のありかたでしょう。

ところが淡麗辛口の香り志向の酒は、個性をなくしてしまうのです。どこでも同じ、平均的な酒になって個性がない。個性がないということは、どんな料理にでも合わせられると思いきや、ほとんどの料理には合わなくなる。

昔から一番感じていたのは、日本酒では地酒らしさを大事にすべきじゃないかなということです。

それが、地域の活性化につながるでしょう。地元を大事にして、地元の料理に合わせた、いかにも地酒らしい酒。そういう都会では体験できない個性的な地域性があれば、もっと観光にも貢献できるでしょう。

日本酒愛好家は、地方に行ったら、まず目が行くのは地元の酒です。でも、たとえば温泉旅館に行って、地元の料理が並んでいるのに、酒は全国的に売られているようなものしかなかったらがっかりしますよね。平均的な酒、きれいに仕上げた飲みやすい酒は、どこでも体験できますので、つまらなく思ってしまう。やっぱり地元の料理に合う、地元らしい酒が飲みたいんです。蔵はそういう造りをしてほしいと思います。

日本酒文化革命

まだまだ日本酒はワインの食文化には追いついてないという思いがあります。飲む順序やマリアージュを考えたら、もっと日本酒の方が幅広い魅力があるはずなのに、そこに至っていない。食文化を、日本酒が担うまでまだ至っていない。

文化の一部にしっかり入っていないから、家庭で飲まれなくなる。日本酒離れしているというのは、家庭で飲まれなくなっているということです。仕方がありませんよね。美味しいパスタをつくろうとスーパーで材料を選んでいるときに、せっかくだから美味しいワインをと手が伸びることがあるでしょう。でも、この料理をつくるからこの日本酒を合わせようという発想や習慣がほとんどありません。ただ飲みやすくして酔うための酒。日本酒にはそういうイメージがあると思います。だからこの状況を変えるには、そうとう時間がかかると思います。日本酒の食文化がいかに追いついていくのか。

日本酒が最終段階に行き着くまでのステップが多すぎます。なかなか頂上までは行けないです。三合目ぐらいまでも行けていないかもしれません。まだまだです。

でも、課題が多いからこそ、こうやって情熱をもっていられます。やることがたくさんあり、伝えたいことが尽きません。

なによりまず基本となる本物の日本酒、純米無濾過生原酒から伝えなければいけないという使命感があります。

水のちがい、酒米の種類や産地のちがい、精米歩合のちがい、造りのちがいなど、日本酒の中身の個性を興味のある人にくわしく伝えることが、消費者の関心をもっと高めると信じています。

そうすることによって、日本酒に対する偏見が無くなる方向に進むと思います。ワインを選ぶとき、中身を知りたい、知ってから買うのと同じではないかと思います。日本酒にはそれぞれ旨みの個性があり、それがわかるとより良いマリアージュに近づけることができることを広く知ってもらえるようになります。そうすれば消費者はもっと深く知りたくなります。そして、知れば知るほど楽しくなり、自分の感覚に自信もついてくると思います。

そして、純米無濾過生原酒とマリアージュのことを造り手にも伝えたい、そういう使命感があります。生意気と思われるかもしれませんが、お店では飲み手に伝えられますが、造り手にも伝えないと、現状は変わらないだろうと思いますから。

見えてきた変化の兆し

最近、日本酒業界の時の流れを如実に感じます。日本酒の各分野で世代交代の時期に来ています。蔵元も杜氏も次の世代に移っていき、酒販店も代替わりし、また料飲店でものれん分けや独立がおこっています。これは変化のチャンスです。

飲み手が変わることは大切な後押しになります。まさに大衆革命です。飲み手という一番広い層が変わらないと、蔵は危機感を覚えません。いろんな本も出ていながら、なかなか広まらないのはそのためです。三〇年、四〇年前から比べると少しは良くなっています。本物の造りの酒が少し出てきています。でもまだまだ一般の人に広まっていない。

必要なのは、人の気持ちです。本物の酒を造りたい、売りたい、飲みたい、そういう人々の気持ちがまだ足りないと思います。まだ知られていない部分が多いと思います。

だからこそ、ひとりで考え込まないで、みんなで考えましょう。思いを出し合って、本物を目指して酒を造って、それを飲んで意見を出し合って、これだと確信を持てればそれを広め、そうして共鳴した心はどんどん広がります。情熱とポリシーがあれば大丈夫です。

今こそ二十代から七十代、八十代まで、すべての世代の人たちに日本酒の良さを知ってもらうときだと思います。私もこれまでの三五年の経験を生かして、真の日本酒の生きた知識を、楽しみ方を、正しいと信じたことを、ぶれない信念を持ち、なおかつ将来を見据えて、人々に伝えていきたいと思います。そして、純米無濾過生原酒とマリアージュを、日本酒を愛する人たちとともに楽しんでいきたいと思います。

日本酒の世界はきっと変わります。真の日本酒文化革命は実現すると信じています。

おわりに

真菜板も開店以来一七年を越えました。高田馬場でこんなにやれたことは、蔵のおかげ、お客さんのおかげです。

味里をはじめたとき、私は日本酒にカルチャーショックを受け、日本酒に目覚めました。惚れ込んだこの日本酒をみんなに知ってもらいたい、この気持ちは、片時も忘れたことはありません。

真菜板に来たときは、ちょうどバブルがはじけて、大吟醸ブームが去ったときでした。生易しい世界ではありませんから、しっかりした芯を持たなければならない。決断をせまられました。

でも、どうしたらいいかすでに自分の中に答えはあったのです。それは日本酒が過去に歩んできた歴史を段階的に振り返ることでした。

そこで出した結論は、究極手造りの酒、純米無濾過生原酒にこだわることでした。そして、それを知ってもらうことでした。

そしてこういう酒だからこそ、マリアージュという日本酒の魅力には欠かせない世界も広めていこうと心を定めました。

この路線で行こう、誰になんて言われようがこれで行こう、まあ一〇年はかかるだろうけれど、これしかない。そう思って立てた一〇年計画でした。

本当にうれしいことに、真菜板の一〇周年のときに、本物の酒を造ってくれている蔵の人たち、日本酒の魅力に出会ったお客さん、たくさんの人たちが祝ってくれました。それから店のブログを書いてくれる人があらわれました。「真菜板青年部」も生まれました。「無濾過女子会」も生まれました。

そういう人たちが広めてくださり、今やっと、納得のいくひとつの形ができつつあるとうれしく思っています。

もちろん、自己満足の側面はあって、まだ道半ばだと己を戒めながらも、味覚と嗅覚はまだ健在ですから、これからも日本酒への想いを磨いていこうと思っています。

日本酒の魅力を、どうか一緒になって広めてください。

造りの原点でもある純米無濾過生原酒の世界を広めることが、日本酒の将来にとって必要だと思います。量を飲ませる酒より、個性的な旨みを楽しむ酒です。

今、日本酒業界はいろんな酒が出てきていますけど、まだ本物の酒が広まっていない、ましてマリアージュの世界は広まっていない。それを日本から世界に発信するぐらいにならないと日本酒の未来はさびしくなる。ましてやこれから東京オリンピックの開催される今はチャンスです。だからこそ、まず日本で日本酒が広まってほしい。

純米無濾過生原酒とマリアージュ。この日本酒の最大の魅力を広めて行けば、だれもが日本酒を好きになるはずです。

その輪がどんどん広まっていくことによって、日本酒の世界は広まっていきます。これは私の確信です。

日本酒の過去を振り返って、もちろんそれぞれの考え方があると思いますが、五年後、一〇年後を想像すれば、今後の方向性など、もっといろんなことが見えてくるはずです。これからも自分を信じて、今、目指していることに取り組んでいくのがやりがいでもあります。五年後、一〇年後が楽しみです。

純米無濾過生原酒は人の心を酔わせる酒です。人との和を広げ、人生を豊かにする酒だと思います。日本酒とともに生きてきてつくづくよかったと感謝しています。私は幸せ者だと思います。これからも日本酒を通して楽しく生きていきたいと思います。

真菜板がここまでやってこれたのには、お客様をはじめ、たくさんの方々のお力添えがありました。すべての方々のお名前をあげることはできませんが、最後にお世話になったみなさまに感謝を述べたいと思います。

開店から現在までずっとお世話になっているのが、となりの中華料理屋さんの大観楼の浅井勝美さん、純子さんご夫妻です。

また開店時、店名や看板文字や準備など、何かとお世話になったのが、三〇年以上前からのお客様であり、日本酒業界とのつながりもある大親友の森山茂さんと、松田純子さんでした。今でも良きアドバイザーであり、心強く思っています。

本間冨次男さんとの出会いは、純米無濾過生原酒との出会いでした。出会ったときから日本酒に対する考え方を共有する人でした。本間さんの熱い気持ちを感じ、それを期に、純米無濾過生原酒、そしてマリアージュにこだわってやっていこうと決めました。一緒に一〇年、一五年先を見越してやっていけば、かならず認知されるときが来るだろう。そう思ってここまでやってきました。

古川修さんも古くから純米無濾過生原酒の熟成燗酒とそのマリアージュにこだわっておられました。すぐに共感し、それからともに純米無濾過生原酒の熟成と燗の世界を深め、広めてきたと感じています。

サンシャイン60地下一階の蕎麦屋さん、一久庵の栗原和也さんは、真菜板開店以来の良き協力者の一人です。真菜板一〇周年の会の幹事の一人でもあります。真菜板の酒の会や、記念日のイベントなどの会も引き受けてくださっています。真菜板にとってたいへん心強い存在です。

二〇〇八年七月五日からはじまり、現在まで毎週一回のペースで計五〇〇回以上投稿されている真菜板ブログは、松尾佳哲さんがはじめてくださったものです。二〇一二年からは荒田美恵さん、船越温子(はるこ)さん、渡辺麻衣さんも執筆陣に加わり、そのときどきの料理と日本酒の情報を発信してくださっています。また、この本ができたのは、花伝社の平田勝さん、水野宏信さん、山口侑紀さんのお力によるものです。またインタビュアーの高尾隆さん、フォトグラファーの大崎えりやさんにもお世話になりました。

そして、妻の征子と家族に感謝したいと思います。

杉田衛保（すぎた・もりやす）
真菜板店主。1942年愛知県名古屋市生まれ。日本酒居酒屋の店主として、35年以上日本酒にかかわりつづける。1982年に開店した東京・池袋の味里は地酒居酒屋のさきがけとなる。1998年に東京・高田馬場に純米無濾過生原酒と料理とのマリアージュにこだわった日本酒居酒屋、真菜板を開店。以後、さまざまなメディアで取りあげられる有名店となる。

ブログ　http://ameblo.jp/manaita333/

究極の日本酒――マリアージュで楽しむ純米無濾過生原酒16本

2016年5月25日　初版第1刷発行
2016年8月1日　初版第2刷発行

著者 ――杉田衛保
発行者 ―平田　勝
発行 ――花伝社
発売 ――共栄書房
〒101-0065　東京都千代田区西神田2-5-11出版輸送ビル2F
電話　03-3263-3813
FAX　03-3239-8272
E-mail　kadensha@muf.biglobe.ne.jp
URL　http://kadensha.net
振替 ――00140-6-59661
装幀 ――生沼伸子
写真 ――大崎えりや
印刷・製本―中央精版印刷株式会社

ISBN978-4-7634-0778-8 C0077